Beate und
Leopold Peitz

Hühner

2. Auflage
56 Farbfotos
15 Zeichnungen

Ulmer

RATGEBER NUTZTIERE

Inhalt

Nutztiere halten

Hühner zu halten im heimischen Garten ist ein schöner Ausgleich zum beruflichen Alltag und eine der wenigen Möglichkeiten, neben der Versorgung mit selbst gezogenem Gemüse und Obst auch tierische Produkte für den eigenen Bedarf zu erzeugen.

Rechte Seite:
Der Hahn, ein stimmgewaltiger kleiner Recke.

Hühner werden im Unterschied zu vielen Haus- und Heimtieren wie Zwergkaninchen, Hamster oder Meerschweinchen seit etwa 4000 Jahren vor allem aus nützlichen Erwägungen gehalten und gezüchtet. Betrachtet man heute allerdings die große Vielfalt an Farben und Formen bei den etwa 150 Hühnerrassen, so wird man feststellen, dass sich die Züchter nicht immer allein vom Leistungsgedanken (Eier und Fleisch) haben leiten lassen, sondern oft besonders von der Freude an der züchterischen Gestaltung dieser schönen Kreatur. Beide Zuchtziele schließen sich nicht gegenseitig aus. Das beweist die Wiederentdeckung alter Landhuhnrassen, die sich auf die speziellen Verhältnisse einzelner Zuchtregionen besonders gut eingestellt haben und sich heute wieder großer Beliebtheit erfreuen. Diese Anpassung war früher von erheblicher Bedeutung, da die Tiere generell frei laufend und extensiv gehalten wurden. Die heutige Wirtschaftsgeflügelhaltung mit ihrer grundsätzlichen Gliederung in Legehennen- und Mastgeflügelhaltung ist mit der früheren Extensiv- und heutigen Hobbyhaltung in keiner Weise vergleichbar.

Dieses Buch will vor allem den Hobbygeflügelhalter und den Nutzgeflügelhalter einer kleinen Hühnerherde mit extensiver Haltungsform ansprechen. Es möchte anleiten zu einer nützlichen und erfüllenden Beschäftigung mit einer oft missverstandenen Kreatur – unserem Haushuhn.

Interesse und Verantwortung

Gleich welchem Interesse der Wunsch für eine kleine Hühnerhaltung entspringt, sollte sich der künftige Hühnerhalter zunächst einige grundsätzliche Fragen vor Augen führen und für sich möglichst objektiv beantworten.

Vor dem Kauf. Schauen Sie sich möglichst einige Hühnerhaltungen an, die Ihren häuslichen Gegebenheiten und Ihren Vorstellungen am nächsten kommen, um Antworten auf die wichtigsten Fragen zu erhalten.

Was ist vor der Anschaffung zu bedenken?

- → Die Voraussetzungen für eine art- und tiergemäße Haltung (Stall, Auslauf);
- → die Entscheidung für einen Schwerpunkt auf Hobbyhaltung oder Nutzhaltung;
- → die Frage, ob man auch züchten möchte;
- → das Bewusstsein für die zeitlichen und ethischen Verpflichtungen gegenüber den Lebewesen;
- → die Frage nach einer kundigen Vertretungskraft für Notfälle oder Ferienzeit.

Ein Auslauf ohne Grenzen ist nicht überall möglich.

Solche Möglichkeiten findet man am besten in den örtlichen Geflügelzuchtvereinen oder im Idealfall bei Freunden und Bekannten, die über entsprechende praktische Hühnererfahrung verfügen. Man sollte nicht den Fehler machen und sich an der Haltungsweise der üblichen Haus- und Heimtiere orientieren – Hühnervögel haben andere Ansprüche.

Nutztiere sind keine Kuscheltiere

Hühner können sehr zutraulich werden, wenn man sich mit ihnen intensiv beschäftigt. Sie hören auf unsere Stimme und lassen sich mit Futter gern anlocken. Manche Tiere kann man sogar anfassen und streicheln. Aber man kann nicht mit ihnen kuscheln wie mit einer Katze oder einem Hund. Sie zeigen keine Reaktionen der Freude, wenn man sie auf den Arm nimmt. Wer derlei Zuneigung erwartet, wird schnell enttäuscht sein und sollte keine Hühnerhaltung beginnen. Insbesondere bei Kindern kann das Interesse schnell nachlassen; Eltern sollten das bedenken.

Natürliches Umfeld

Hühner fühlen sich besonders wohl, wenn sie möglichst frei umherlaufend ihr Futter suchen, in der Sonne baden und im Sand scharren können. Das ist ihnen lieber, als auf dem Arm des Pflegers

zu sitzen und gestreichelt zu werden. Sie sind sehr neugierig, andererseits gegenüber fremden Geräuschen und Lebewesen schreckhaft. Wer gerne Tiere und ihr Verhalten beobachtet, wird seine helle Freude an seinem Hühnervolk haben, wenn er sie in einem möglichst artgemäß gestalteten Lebensraum hält.
Betreuung. Unsere Heimtiere wie Hund, Katze und Hamster haben wir immer um uns und in die häusliche Gemeinschaft integriert. Hühner werden nicht stubenrein und sind für die Haltung in einer Wohnung wohl kaum geeignet. Sie benötigen draußen einen Stall mit Auslauf, das heißt, man muss sie bei jedem Wetter, Sommer wie Winter, tagein und tagaus, draußen füttern und pflegen.

Rechtliches

Auch für eine kleine Hühnerhaltung muss man bestimmte Regeln oder rechtliche Vorschriften einhalten. Zunächst sollten Sie sich in der Nachbarschaft erkundigen, ob irgendwelche Einwände bestehen, insbesondere, wenn Sie auch einen Hahn halten wollen. Die rechtlichen Bestimmungen betreffen also sowohl das nachbarliche Umfeld, bei größeren Stallbauten auch das Ortsbild oder die Landschaft und nicht zuletzt das Tier selbst. Viele der Vorschriften sind Ländersache und damit unterschiedlich geregelt, andere – wie das Tierschutzgesetz – gelten bundeseinheitlich. Eine sehr kleine Hühnerhaltung im heimischen Garten, wo eine entsprechende Behausung im eventuell bereits vorhandenen Gartenhäuschen durch kleinere Umbauten zu realisieren ist, wird in der Regel von Seiten der Behörden toleriert, wenn sich kein Nachbar gestört fühlt. Andererseits sind bestimmmte einschlägige Vorschriften beim örtlichen Bauamt abzuklären.
Baurechtliche Vorschriften. Dabei handelt es sich im Wesentlichen um Bestimmungen, die das Bauen landwirtschaftlicher Gebäude innerhalb und außerhalb eines Ortes oder Ortsteils regeln. Einschlägig sind hier das Baugesetzbuch und die Baunutzungsverordnung. Diese Gesetze und Verordnungen wirken in der Regel jedoch nur einschränkend, wenn es sich um größere Stallbauten handelt, die geeignet sind zum Beispiel öffentliche Belange wie das Ortsbild oder den Landschaftsschutz zu tangieren. Ähnliches gilt für Bestimmungen nach der Landesbauordnung oder nach dem Nachbarrecht, die speziell die Interessen der umgebenden Nachbarn schützen. In jedem Fall ist anzuraten sich zuvor beim örtlichen Baurechtsamt zu erkundigen.
Tierschutzrechtliche Vorschriften. Mit dem Bundestierschutzgesetz soll sichergestellt werden, dass die uns anvertrauten Tiere fach- und tiergerecht versorgt werden und ihnen keine Leiden zugefügt werden. Der Kernsatz lautet: "Wer ein Tier hält, muss das Tier seinen Bedürfnissen entsprechend ernähren, pflegen und verhaltensgerecht unterbringen"

und weiter "...darf die Möglichkeit des Tieres zu artgemäßer Bewegung nicht so einschränken, dass ihm Schmerzen oder vermeidbare Leiden oder Schäden zugefügt werden." Davon, wie diese Vorgaben für eine kleine Hühnerherde am besten zu erfüllen sind, soll in den nächsten Kapiteln die Rede sein.

Eigenheiten und Bedürfnisse

Ausgehend von unserem Wunsch ein Stück Landleben in unsere unmittelbare Nähe zu holen, müssen wir uns zunächst die Frage stellen, mit wem wir es beim Huhn zu tun haben. Das heißt, was erwartet das Huhn von uns, dass es sich wohl fühlt, Eier legt, Küken aufzieht und uns mit seinem herrlichen Gefieder und seinem lebhaften Wesen erfreut? Dann muss man sich fragen, ob Huhn gleich Huhn ist, also ob es Unterschiede im Verhalten, in den Bedürfnissen, in der Legeleistung und der Mastfähigkeit zwischen den einzelnen Rassen gibt – also Fragen über Fragen.

Welche Rasse eignet sich am besten?

Generell ist jede Hühnerrasse für die Haltung im heimischen Garten oder auf einem Stück Land anderenorts geeignet. Nur ist jede Rasse eben in unterschiedlichem Maße auf die vielfältigen Bedürfnisse zugeschnitten.

Ausgehend von den Platzverhältnissen sollten Sie sich grundsätzlich überlegen, ob Sie sich für Großhühner oder für Zwerghühner interessieren. Zwerghühner haben bei engen Platzverhältnissen erhebliche Vorteile, die Rassenauswahl ist darüber hinaus ähnlich vielfältig wie bei den Großrassen. Sie legen naturgemäß kleinere Eier und liefern entsprechend weniger Fleisch. Dafür benötigen sie weniger Futter und weniger Stallraum beziehungsweise Auslauf. Vielfach sind die Zwerghühner eine Miniaturausgabe ihrer großen Ebenbilder und keine echten Zwerge, sondern Verzwergte, die aus Kreuzungen zwischen echten Zwergen und Großhuhnrassen entstanden sind. Die zweite Überlegung, die Sie anstellen sollten, bevor Sie sich der Hühnerhaltung widmen, ist, ob Ihnen vor allem an vielen guten Eiern gelegen ist oder eher an einem guten Braten oder an beidem gleichermaßen.

Fragen, die Sie vor der Entscheidung für eine bestimmte Rasse klären sollten

- → Steht für Sie die Selbstversorgung mit Eiern im Vordergrund?
- → Bestehen bestimmte Vorlieben für die Farbe der Eier?
- → Sollen die Tiere auch einen guten Braten liefern?
- → Möchten Sie lediglich Selbstversorger sein oder auch Einkünfte durch Vermarktung erzielen?
- → Welche Raum- und Unterbringungsmöglichkeiten haben Sie zur Verfügung?
- → Steht die Haltung von Zier- oder von Nutzgeflügel an erster Stelle?
- → Möchten Sie auch zur Erhaltung alter Kulturrassen (Landhuhnrassen) beitragen?
- → Wollen Sie auch Nachwuchs erbrüten lassen?

Auf hoher Warte kommt der Halsschmuck dieses Barthuhns besonders gut zur Geltung.

Legerassen

Abgesehen von den Hochleistungstieren aus dem Wirtschaftsgeflügelbereich gibt es unter den Geflügelrassen und den alten Landhuhnrassen sehr fleißige Eierleger mit 180 bis 200 Eiern im Jahr. Eine solche Leistung erbringen vor allem die leichten Legerassen. Dazu gehört zum Beispiel das rebhuhnfarbene Italienerhuhn. Der farbenprächtige Hahn dieser Rasse ist Ihnen sicher noch aus Abbildungen in Kinderbüchern bekannt. Die leichten Legerassen im Landhuhntyp sind in der Regel lebhafte Tiere mit ausgeprägtem Bewegungsdrang, das heißt, sie benötigen einerseits ausreichend Platz, andererseits eine entsprechend hohe Umzäunung.

Fleischrassen

Unter extrem fleischbetonten Rassen versteht man hier sehr massige und schwergewichtige Tiere, bei denen der ausgewachsene Hahn 5 kg und die Henne 4 kg wiegt. Sie sind also nicht vergleichbar mit den im Supermarkt angebotenen Fliegengewichten für einen Zweipersonenhaushalt. Solche Schwergewichte sind durchaus geeignet, einer vier- bis fünfköpfigen Familie einen qualitativ hochwertigen und sehr schmackhaften Festtagsbraten zu liefern. Beispielhaft genannt seien hier die Cochins und als englische Rasse im typischen Landhuhntyp die Dorkings.

Zwiehuhnrassen

Wer sich nicht so eindeutig festlegen möchte, dessen Augenmerk sei auf die Vielzahl der Zwiehuhnrassen gelenkt, die uns sowohl mit Eiern als

Gemeinsame Erkennungsmerkmale der drei Typen

Eierlieferanten	Fleischlieferanten	Zwiehühner
leichter Körperbau	massiger Körper	kräftiger Körper
weiße Ohrscheiben	rote Ohrscheiben bzw. -lappen	rote Ohrscheiben
geringer Bruttrieb	zuverlässiger Bruttrieb	meist zuverlässiger Bruttrieb
weißschalige Eier	gelb- bis braunschalige Eier	überwiegend braunschalige Eier

auch mit Fleisch in ausreichendem Maße versorgen können. In dieser Kategorie findet man die größte Auswahl sowohl bei Groß- als auch bei Zwergrassen. Zu den Zwiehuhnrassen zählen etwa die Sussex, ein alter Landhuhnschlag aus Südengland, oder die bekannten und beliebten Wyandotten, bei denen sich die Züchter zu vielen verschiedenen Farbvarianten haben inspirieren lassen. Die Zwiehühner vertreten in den Gewichtsklassen die mittelschweren Rassen, sind aber vom Temperament her sehr unterschiedlich zu beurteilen. Dies ist bei der Auswahl bezogen auf die Platzverhältnisse besonders zu beachten.

Auch das reine Rasse- oder Ziergeflügel, das überwiegend dazu gehalten wird, um auf den zahlreichen Rassegeflügelschauen die Besucher zu erfreuen und den Züchtern Ruhm und Ehre einzubringen, muss besondere Erwähnung finden: Es ist mit vielen Rassen mit ungewöhnlichen, ja skurril anmutenden Absonderheiten vertreten, angefangen von recht kurzen Beinen (Krüper) über diverse Hauben (Holländische Weißhauben), Bärte (Eulenbarthühner), Seidenfedern (Seidenhühner), Struppfedern (Strupphühner), Schwanzlosigkeit (Kaulhühner), Lang- oder Leierschwänzigkeit (Phönix), bizarre Kammformen (La Flèche) bis hin zu Nackthalsigkeit (Nackthälse), sehr auffällig gefärbten Eiern (Araucana) oder großer Kampflust. Letztere gehören zur Gruppe der zahlreichen und

Westfälische Totleger genießen die warme Wintersonne.

Übersicht über die Rassen und ihre Verwendung

Rasse	E	F	Z	EG	Eifarbe	KG (kg) m/w	Besonderheiten	P/S
Altsteirer			✗	55	weiß	3,0/2,5	echtes Zwiehuhn	26
Australorps			✗	55	hellbraun	3,5/2,5	sehr leistungsstark	26
Barnevelder			✗	60	dunkelbraun	3,5/2,7	vielseitig	27
Bergische Kräher	✗			56	weiß	3,5/2,5	besonderer Krähruf	
Brabanter Bauernhühner	✗			70	weiß	2,5/2,0	vital, fruchtbar	27
Brahma		✗		53	gelb/rot	5,0/4,5	Riesenhuhn	42
Brakel	✗			55	weiß	2,7/2,5	Nichtbrüter	
Cochins		✗		53	braun/gelb	5,5/4,5	sehr zutraulich	42
Deutsche Langschan		✗		45	braun/gelb	4,5/3,5	sehr robust	
Deutsche Reichshühner			✗	55	gelb	3,5/2,5	stolze Erscheinung	43
Deutsche Sperber	✗			56	weiß	3,0/2,5	Nichtflieger	
Dominikaner			✗	53	hellbraun	2,5/2,2	elegant	
Dorkings			✗	55	weiß	4,5/3,5	Kulturgut	52
Dresdner			✗	55	gelbbraun	3,0/2,2	gute Winterleger	52
Friesenhühner	✗			52	weiß	1,6/1,3	gute Flieger	
Hamburger	✗			50	weiß	2,5/2,0	edel, lebhaft	
Italiener	✗			56	weiß	3,0/2,5	"Schulbuchhuhn"	53
Jersey Giants		✗		60	braun	5,5/4,5	großer Raumbedarf	
Kraienköppe	✗			55	weiß/creme	3,0/2,5	gute Winterleger	
La Flèche	✗			62	gelb	3,5/3,0	Hörnerkamm	
Lachshühner			✗	55	gelb/braun	4,0/3,2	fliegen wenig	43
Lakenfelder	✗			50	weiß	2,0/1,7	gute Leger	
Leghorn	✗			55	weiß	2,7/2,2	Wirtschaftstyp	
Marans		✗		65	rotbraun	4,0/3,0	Eifarbe	
Mechelner		✗		53	gelb	4,5/2,5	Tafelhuhn	53
Minorka	✗			60	weiß	3,5/3,0	stolz, elegant	
New Hampshire			✗	55	braun	3,5/2,2	schönes Farbbild	
Niederrheiner (Blausperber)			✗	55	gelb/braun	4,0/3,0	ruhig, frühreif	

Übersicht über die Rassen und ihre Verwendung

Rasse	E	F	Z	EG	Eifarbe	KG (kg) m/w	Besonderheiten	P/S
Orloff			✗	53	weiß/braun	3,5/2,5	Federbart	
Orpington		✗		53	gelb	4,0/3,5	üppiges Gefieder	
Ostfriesische Möwen	✗			55	weiß	3,0/2,5	alter Landhuhnschlag	
Plymouth Rocks			✗	55	gelb	3,5/3,0	weltweit verbreitet	
Rheinländer	✗			55	weiß	2,7/2,5	vielseitig, wetterhart	
Rhodeländer			✗	58	dunkelbraun	4,0/3,0	temperamentvoll	70
Sachsenhühner			✗	56	gelb/braun	3,0/2,5	lebhaft, frühreif	
Sulmtaler			✗	55	hellbraun	4,0/3,5	leicht zu mästen	
Sundheimer			✗	55	braun	3,5/2,5	schnellwüchsig, frühreif	71
Sussex			✗	55	gelb/braun	4,0/3,0	wetterhart	71
Thüringer Barthühner	✗			53	weiß	2,5/2,0	federbärtig	
Vorwerkhühner			✗	55	gelb	3,0/2,5	besondere Farbgebung	
Welsumer			✗	65	dunkelbraun	3,5/2,5	hohes Eigewicht	
Westfälische Totleger	✗			53	weiß	2,5/2,0	gute Futtersucher	78
Wyandotten			✗	55	gelb/braun	3,6/3,0	viele Farbschläge	

E = Eierlieferant, F = Fleischlieferant, Z = Zwiehuhn, EG = Mindestbruteigewicht (g), KG = Körpergewicht (kg), m/w = männlich/weiblich, P/S = Portrait auf Seite

beliebten Kämpferrassen, die ihren Ursprung in Asien haben (Indische Kämpfer, Malaien, Moderne Englische Kämpfer).

Zwerghuhnrassen

Große Bedeutung kommt dem Phänomen der Zwergwüchsigkeit zu, das die Zahl der Hühnerrassen bis zum heutigen Tag etwa verdoppelt hat nämlich in Gestalt der Zwerghühner. Man unterscheidet eigenständige Zwergrassen (Urzwerge) und von den Großhühnern abgeleitete Rassen (Verzwergte).

Zwerghuhnrassen sind naturgemäß für beengte Platzverhältnisse besonders geeignet. Im Verhältnis zu den Großhuhnrassen zeigen die wirtschaftsbetonten Zwerghühner (WR) zum Teil Erstaunliches in der Lege- und Fleischleistung. Darüber hinaus sind sie im heimischen Garten für den Betrachter immer eine besondere Augenweide. Für den Einsteiger, der noch keinerlei praktische Erfahrung mit der Hühnerhaltung hat, ist sicherlich eine kleine Herde Deutscher Zwerghühner geeignet. Die Tiere

Auswahl an geeigneten Zwerghuhnrassen

Rasse	WR	ZR	EG	Eifarbe	KG (kg) m/w
Antwerpener Bartzwerge		✗	25	weiß bis cremefarbig	0,70/0,60
Bantam	✗		25	weiß bis cremefarbig	0,60/0,50
Bassetten	✗		40	weiß	0,90/0,80
Chabos		✗	28	beige bis cremeweiß	0,60/0,50
Deutsche Zwerghühner	✗		30	weiß bis cremefarbig	0,75/0,60
Federfüßige Zwerghühner		✗	30	weiß bis bräunlich	0,75/0,65
Holländische Zwerghühner	✗		30	weiß	0,55/0,45
Moderne Englische Zwergkämpfer		✗	25	hellbraun	0,60/0,45
Sebright		✗	30	weiß bis cremefarbig	0,60/0,50
Zwerg-Altsteirer bis Zwerg-Wyandotten	Diese Rassen entsprechen in ihren Eigenschaften und ihrem Aussehen überwiegend ihren großen "Ebenbildern".				

WR = Wirtschaftsbetonter Typ, ZR = Zierrassetyp, EG = Mindestbruteigewicht (g), KG = Körpergewicht (kg), m/w = männlich/weiblich.

sind von schlichter Eleganz, legen zuverlässig, sind wenig empfindlich und bereits seit 1917 als Rasse anerkannt.

Bei den Zwerghühnern sind die ausgesprochenen Zierrassen (ZR) besonders beliebt, wohl weil die diesen Rassen anhaftenden Absonderheiten im Miniaturformat besonders zur Geltung kommen und weil die Halter der Zierrassen zumeist nur über beschränkte Platzverhältnisse verfügen, die eine wirtschaftsbetonte Zucht ausschließen. Diese Hühner- und Geflügelfreunde sind überwiegend in den örtlichen Geflügelzucht- oder Kleintierzuchtvereinen sehr gut organisiert und betreiben zum Teil gemeinschaftliche Zuchtanlagen. Auch das ist eine sehr gute Möglichkeit diesem schönen Zeitvertreib zu frönen!

Geeignete Bruthennen

Gerade wer gezielt Rassegeflügel züchten möchte, findet hier Rat bei erfahrenen Züchterkollegen. Dabei ist die Naturbrut immer wieder ein besonders spannendes und beglückendes Erlebnis – vor allem für Kinder. Man muss jedoch bei der Rassenauswahl von vornherein berücksichtigen, dass der Bruttrieb und der Bruterfolg bei den verschiedenen Hühnerrassen unterschiedlich ausgeprägt ist. Generell kann man davon ausgehen, dass bei den mittelschweren Rassen am ehesten eine zuverlässige Brüterin (Glucke) zu finden ist. Zu nennen sind beispielsweise die Australorps, Barnevelder, Lachshühner, Plymouth Rocks, Sundheimer (Frühbrüter), Sussex und Vorwerkhühner.

Bei den anderen Rassen, wie etwa den beliebten Wyandotten, ist der Bruttrieb mit dem Farbschlag gekoppelt. Das heißt, Tiere mancher Farben brüten schlecht; bei den Rebhuhnfarbigen gilt jedoch der früh einsetzende Bruttrieb als Rassemerkmal. Auch bei den schweren Rassen finden wir durchweg gute Brüterinnen, wobei diese den Vorteil haben, dass man ihnen eine besonders große Anzahl Eier unterlegen kann. Die leichten Legerassen beherbergen nur selten gute Glucken in ihren Reihen. Daher empfiehlt es sich, dass man sich von den mittelschweren oder schweren Rassen im Bedarfsfall ein oder zwei Tiere in die Herde nimmt, denen man die Bruteier getrost als 'Amme' anvertrauen kann.

Körperliche Besonderheiten

Das Huhn gehört zur Klasse der Vögel. Als Lauftier mit zwei Beinen spielt sich sein Leben aber vorwiegend auf dem Boden ab. Je nach Rasse sind Hühner jedoch auch begrenzt flugfähig. Der Knochenbau und die inneren Organe sind wie bei allen Vögeln extrem leicht. Die äußere Gestalt ist weitgehend stromlinienförmig ausgebildet. Besonders augenfällig ist der äußere Abschluss des Körpers, der nicht von Haaren, sondern von Federn gebildet wird.

Das Federkleid besteht grob gesehen aus den Deckfedern und den Daunenfedern: Die Deckfedern schützen die Hühnervögel vor den Unbilden des Wetters und verleihen ihnen mit den zu Flügeln umgebildeten Vordergliedmaßen das Vermögen sich in die Luft zu erheben und zu fliegen. Die Daunenfedern sind zart und locker gebaut. Sie liegen unter den Deckfedern und haben die Aufgabe ein Luftpolster zu erzeugen, um die Tiere vor Kälte zu schützen, indem sie ihr Federkleid "aufplustern". Die Glucke vermag mit Hilfe dieses Luftpolsters die Bruttemperatur zu halten und zu regulieren.

Die Befiederung der Hühnervögel erfolgt in mehreren Stadien: Die Küken schlüpfen mit einem reinen Daunengefieder. Dann entwickelt sich das Jugendkleid mit Deck- und Daunen-

Körperteile und Skelett des Haushuhns.

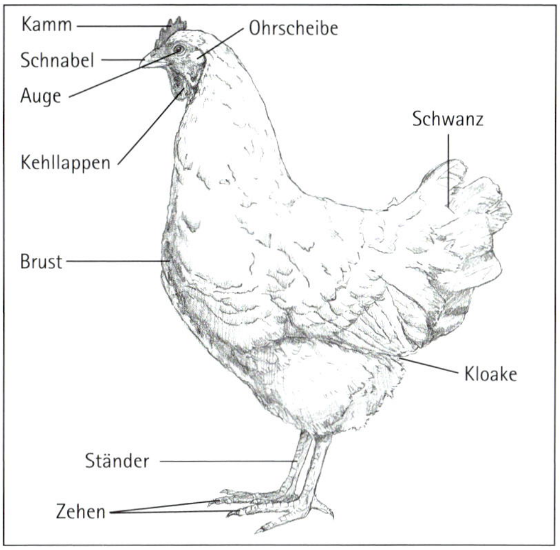

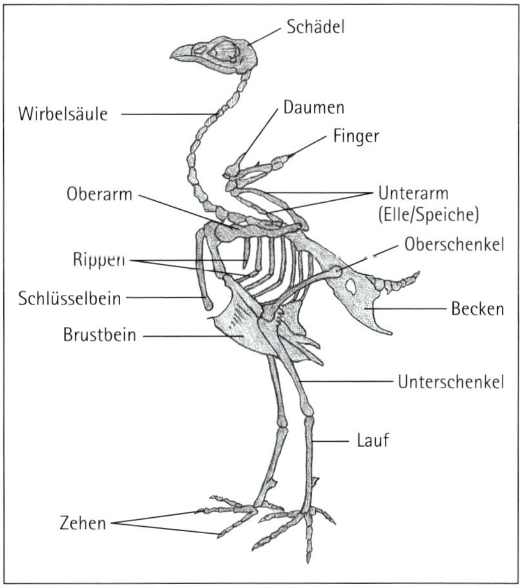

Die Mauser macht unsere Hühner vorübergehend etwas unansehnlich.

federn, schließlich ab der 18. bis 20. Lebenswoche das Erwachsenengefieder.

Das Federkleid erfüllt für unsere Hühner einige außerordentlich wichtige Funktionen. Es schützt sie gut gegen Kälte und Nässe, es bewahrt sie vor Schäden durch extreme Sonneneinstrahlung und verringert die Verletzungsgefahr der Haut. Daneben hat das Gefieder natürlich auch eine bedeutende Funktion beim Fliegen. So vielseitig ihre Aufgaben sind, so stark ist aber auch die Abnutzung der Federn, wodurch sie ihre funktionellen Eigenschaften verlieren. Deshalb besitzen die Tiere einen physiologisch gesteuerten Mechanismus – ähnlich dem Haarwechsel –, um ihr Federkleid von Zeit zu Zeit ganz oder auch nur teilweise erneuern zu können: die Mauser.

Was, wann und wie oft gemausert wird, kann sehr unterschiedlich sein. Die Variationen reichen hier vom Austausch einzelner Federn über die Neubefiederung von Körperpartien (Teilmauser) bis hin zur Vollmauser, das heißt dem vollständigen Wechsel des Gefieders.

Nach einer intensiven Legeperiode von 12 bis 15 Monaten wird das Gefieder, meist im Herbst, gewechselt, wobei diese **Vollmauser** mit einer damit verbundenen Legepause bis zu drei Monate dauern kann. Wie oft im Leben sind es auch hier die fleißigsten Legehennen, die sich die kürzeste Pause gönnen. Aber auch nach einer Brutzeit können wir bei einer Glucke eine Vollmauser beobachten, bevor sie wieder beginnt Eier zu legen.

Bei der **Teilmauser** wird nur das Gefieder einzelner Körperpartien ausgetauscht. Am häufigsten kommt es zu der so genannten Halsmauser. Insgesamt verläuft die Teilmauser schneller und mit deutlich abgeschwächten Symptomen als die Vollmauser.

Früher gab es auch noch die **Zwangsmauser**. Durch tagelangen radikalen Futter-, Wasser- und Lichtenzug wurden in kommerziellen Legehennenhaltungen die Tiere gemeinsam zwangsgemausert, um sie für eine weitere Legepriode halten zu können. Diese schreckliche Methode ist heute aus Tierschutzgründen glücklicherweise nicht mehr erlaubt.

Während der Mauser sind die Hühner durch den mangelhaften Gefiederschutz stärker der Witterung ausgesetzt und in dieser Zeit deutlich anfälliger in Bezug auf Krankheiten. Sie bekommen meist ein ausgesprochen kränkliches Aussehen und einen blassen eingefallenen Kamm. Ihre Legeorgane bilden sich zurück und sie stellen ihre Legetätigkeit ein. Deshalb sollten wir während dieser für die Tiere sehr belastenden Phase besonders auf eine gute Fütterung und Pflege achten.

Bei der Beurteilung von Hühnern spielt die Beschaffenheit des Gefieders sowie die rassetypische Reinheit der Färbung und Ausprägung eine zentrale Rolle. Eine gute Gefiederqualität ist beim Wirtschaftsgeflügel auch ein guter Anhaltspunkt für die Gesundheit und Leistungsfähigkeit der Tiere. Daneben gibt es noch weitere Kriterien wie Beschaffenheit von Kopf, Brust, Kloake und Ständern (Beine), die zusammengenommen erst ein vollständiges Bild für eine fachgerechte Bewertung liefern.

Eine rassetypische Besonderheit bei der Beurteilung des Kopfes sind die verschiedenartigen Kämme, die das Gesicht und das Erscheinungsbild eines Huhns in zum Teil sehr auffälliger Weise prägen.

Bei den Kammformen unterscheidet man vier Hauptvarianten. Neben dem Einfachkamm, der nach wie vor am häufigsten vorkommt und von dem sich alle anderen Kammformen auf Grund züchterischer Fantasien ableiten lassen, gibt es noch den Rosenkamm, den Erbsenkamm und den Wulstkamm.

Darüber hinaus finden sich noch vielerlei Variationen und Besonderheiten wie beispielsweise die hörnerartigen Ausformungen bei der Rasse La Flèche oder das überdimensionierte Kammgebilde der Rasse Redcaps.

Sowohl Kamm als auch Kehllappen entwickeln sich unter dem Einfluss der Geschlechtshormone und werden deshalb auch als sekundäre Geschlechtsorgane betrachtet.

Kammgröße und Kammform spielen eine wichtige Rolle beim gegenseitigen Erkennen der Tiere. Auch die Stellung einer Henne innerhalb der Rangordnung hängt ganz wesentlich von der Größe ihres Kammes ab, das heißt, die ranghöheren Tiere einer Herde können oft schon durch ihre deutlich größeren Kämme identifiziert werden. Am Zustand von Kamm und Kehllappen lassen sich auch beginnende

Der Ablauf des Federwechsels ist individuell verschieden. Er erfolgt bei manchen Tieren stufenweise, andere fallen dagegen durch fast gleichzeitiges 'Ablegen' ihres gesamten Federkleides auf. In jedem Fall bedeutet die Mauser für die Tiere eine erhebliche körperliche Belastung.

Dieses schicke Sondermodell bezeichnet man als Kronenkamm.

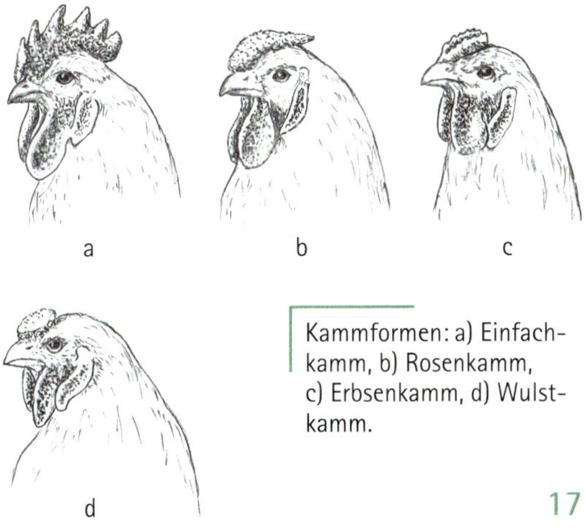

Kammformen: a) Einfachkamm, b) Rosenkamm, c) Erbsenkamm, d) Wulstkamm.

Siesta in der Mittagssonne, doch die Ohren sind immer auf Empfang.

Krankheiten und Stoffwechselstörungen erkennen. Ebenso können Fütterungs- und Haltungsfehler Kammform und -farbe beeinflussen. Ein übergroßer und schlapp herunterhängender Kamm kann beispielsweise auf einen Mangel an Sonnenlicht hindeuten. Leicht bläuliche Kammspitzen sind normal, verfärbt sich jedoch der ganze Kamm blau, ist dies ein Zeichen ernsthafter Störungen oder auch eines akuten Wassermangels.

Vorsicht ist immer bei extremen Minustemperaturen geboten. Häufig kommt es nämlich zu Erfrierungen an diesem empfindlichen Körperteil. Vor allem Tiere mit großen Kämmen sind besonders gefährdet.

Sinneswahrnehmung

Hühnervögel nehmen ihre Umwelt anders wahr als zum Beispiel Hunde, Katzen oder andere Haustiere. Sie orientieren sich vor allem durch Sehen und Hören. Andere Sinne wie Riechen oder Tasten spielen bei ihnen eine untergeordnete Rolle.

Hühner haben ein sehr scharfes Auge, allerdings ist ihr Sehvermögen vor allem auf das Erkennen von Gegenständen und Lebewesen in unmittelbarer Nähe ausgerichtet. Dinge, die sich in einer Entfernung von mehr als 50 Meter befinden, werden kaum noch beachtet. Außerdem haben Hühner durch die seitliche Anordnung der Augen kein gutes räumliches Sehvermögen und damit keine gut ausgeprägte Tiefenwahrnehmung. Dieses Handicap sucht das Huhn mit Erfolg dadurch auszugleichen, dass es bei der Futtersuche im Zickzackgang läuft und den Kopf hin und her wendet, um das Objekt der Begierde genau fixieren zu können. Feinde aus der Luft vermag es nur mit schräg gestelltem Kopf und mit einem Auge zu erkennen.

Scharfes Sehvermögen und ein guter Gehörsinn sind Garant für das Überleben von Gebüschbewohnern, wie es die wilden Vorfahren unserer

Der Hahn bewacht in aufmerksamer Haltung seinen kleinen Harem.

Haushühner sind. Das Huhn hört etwa so gut wie der Hund. Daher finden wir mit unserer Stimme am ehesten eine gute Kommunikationsebene mit unseren Schützlingen. So macht es auch die Glucke, die mit den Küken bereits im Ei spricht. Etwa ab dem 18. Bruttag können sie im Ei die Laute der Glucke wahrnehmen und so auf diese Stimme geprägt werden.

Wenn man sich nunmehr diese besondere Ausprägung von Gesichts- und Hörsinn mit Blick auf das Verhalten der Haushühner vor Augen führt, werden ihre Reaktionen dem Pfleger gegenüber, aber auch ihr Umgang untereinander leicht verständlich.

Verhalten

Das Wissen um die speziellen Sinneswahrnehmungen von Hühnern allein genügt nicht, um das Wohlbefinden der uns anvertrauten Tiere beurteilen zu können. Die Wissenschaft vom Verhalten der Tiere (Ethologie) gibt uns wesentliche Anhaltspunkte darüber, wie sich "normale" Verhaltensabläufe abspielen und wann Störungen erkennbar werden. Die Wissenschaftler unterscheiden beim Verhalten verschiedene Funktionskreise wie etwa Sozialverhalten, Fressverhalten, Ruheverhalten, Paarungsverhalten usw. Einer der wichtigsten und augenfälligsten Funktionskreise ist das Sozialverhalten.

Unser Haushuhn ist von seiner Veranlagung und Lebensstruktur her ein Herdentier, das sich in der Gemeinschaft mit Artgenossen am wohlsten fühlt. Damit dieses Gemeinschaftsleben friedlich funktionieren kann und ständige Rangeleien, Rangordnungskämpfe oder sogar blutige Auseinandersetzungen verhindert werden, sollte die Herdengröße möglichst 40 Tiere nicht überschreiten. Die Tiere verfügen nämlich nur über ein be-

Rangordnung

Voraussetzung für ein friedliches Gemeinschaftsleben innerhalb der Hühnerherde ist die Rang- oder Hackordnung. Sie legt die soziale Stellung eines jeden Tieres fest. Jede Veränderung der Herdengröße oder -zusammensetzung kann diese Ordnung empfindlich stören. Die Folge können harmlose Rangeleien bis hin zu blutigen Kämpfen sein.

Tipp: Neuzugänge oder Tiere, die beispielsweise aus Krankheitsgründen einige Zeit von der Herde getrennt waren, werden am besten nachts wieder unauffällig in die Gemeinschaft eingegliedert.

Stolz, fürsorglich und stets verteidigungsbereit führt die Glucke ihre junge Schar.

grenztes Erinnerungsvermögen für persönliche Beziehungen und müssten diese dann ständig neu festlegen, weil sie sich in einer zu großen Gruppe nicht wiedererkennen. Bei diesem Erkennen spielen vor allem Blickkontakte und bestimmte körperliche Merkmale wie zum Beispiel Kehllappen, Kamm und Augen eine Rolle. Ein großer Kamm wirkt beispielsweise immer gefährlicher als ein kleiner und schüchtert die Artgenossinnen entsprechend ein. Tiere mit großem Kamm stehen also in der Rangfolge meist weit oben. Diese hohe Stellung gibt ihnen nun das "Recht", rangniedrigere Tiere zu schikanieren. Das heißt, bei Bedarf können sie ohne Gegenwehr von einem begehrten Futterplatz, einem attraktiven Sandbad oder einem schattigen Ruheplätzchen verjagt werden.

Schon die Küken üben sich im zarten Alter in spielerischen Auseinandersetzungen im Kampf um eine möglichst hohe Stellung in der späteren Rang- oder "Hack"ordnung. Bei Hennen gehen diese Spiele mit Beginn der Pubertät (10-12 Wochen), bei Hähnen mit 12-16 Wochen in ernsthafte Rangkämpfe über, die nicht selten blutig, aber nie tödlich enden. Dabei stehen sich die Kontrahenten mit gesträubtem Halsgefieder und gesenktem Kopf gegenüber und springen urplötzlich aufeinander los, prallen mit Brust und Hals aneinander und bearbeiten sich mit den Krallen und mit Schnabelhieben. Diese Rangkämpfe sind jedoch meist nur von kurzer Dauer, bis sich das unterlegene Tier nach einigen Minuten ergeben niederduckt oder die Flucht ergreift. Danach sind die Fronten in der Regel geklärt und man geht sich, das heißt das rangniedere dem ranghöheren Tier, aus dem Weg. Bei gelegentlichem Aufbegehren reicht zumeist ein gezielter Schnabelhieb oder eine drohende Gebärde, um den sozialen Frieden wieder herzustellen. In einer übersichtlichen Gruppe von 10 bis 15 Tieren bildet sich so ein linear hierarchisches Beziehungsgefüge heraus, das bei unveränderter Herdenstruktur lange Zeit stabil bleibt. Wird dieses Gefüge gestört, etwa durch Zusetzen fremder Tiere, treten erneut Rangordnungskämpfe auf, bis sich die Neuankömmlinge mit einer bestimmten Rangordnungsstufe in die Herde integriert haben. Um die damit verbundene Unruhe in Grenzen zu halten, ist es sinnvoll neue Tiere erst am Abend in der Dämmerung zuzusetzen, damit sie sich über Nacht bereits eingewöhnen können.

Der Hahn als absolut dominierendes Alphatier bildet einen zusätzlichen Stabilisierungsfaktor im Herdengefüge. Wird ein fremder Hahn einer "Frauengemeinschaft" mit fester Rangordnung zugesetzt, muss auch er sich zunächst seinen ersten Platz in der Hierarchie gegen die

Hühnervögel beobachten gern ihre Umgebung von einer erhabenen Position.

ranghöchste Henne erkämpfen, was ihm in der Regel auf Grund seiner körperlichen Überlegenheit nicht schwer fällt. Sehr junge und leichte Hähne haben dagegen manchmal erhebliche Probleme. Können sie sich nicht durchsetzen, müssen wir nach einem stärkeren Herdenführer Ausschau halten.

Die Paarung

Ein immer wieder eindrucksvolles Erlebnis ist das Beobachten des Paarungsverhaltens von Hühnern. Während die Henne hier eine sehr passive Rolle spielt, wächst der Hahn in seinem Werben um die Gunst der Auserwählten über sich hinaus. Oft versucht er zunächst mit dem Präsentieren von Leckerbissen und zarten Locktönen auf sich aufmerksam zu machen und die Henne anzulocken. Dasselbe versucht er auch durch das so genannte Nestlocken, indem er sich an einem attraktiven Nestplatz niederlässt und mit gurrenden Lauten sein schönes Nest anpreist. Schließlich ergreift er die Initiative und balzt mit trippelnden Schritten, abgestellten Flügeln und gefächertem Schwanz um die auserkorene Henne, was den kuriosen Eindruck macht, als ob er über den eigenen Flügel stolpert. Entzieht sich die Henne seiner Werbung und versucht zu fliehen, verfolgt er sie mit gesenktem Kopf und gesträubtem Halsgefieder in der 'Puterhaltung' und nimmt sich kurzerhand sein Recht.

Die Paarung oder der Tretakt vollzieht sich gewöhnlich folgendermaßen: Der Hahn besteigt die sich niederduckende Henne seitlich von hinten, hält sich mit seinen Krallen auf ihren leicht abgespreizten Flügeln fest, stützt sich zusätzlich mit dem Schnabel am Nackenansatz der Henne ab und presst mit seitlich abgespreiztem Schwanzfächer seine Kloake auf die der Henne, um so den Samen übertragen zu können. Der ganze Liebesakt währt nur Sekunden und wird von einem guten Kavalier mit einem kleinen Balznachspiel abgeschlossen. Die Henne scheint das jedoch wenig zu beeindrucken. Sie schüttelt sich und geht schnell wieder zur Tagesordnung über.

Aufgaben des Hahns

Hühner leben nicht wie Gänse in Einehe, sondern fühlen sich als Harem ihres Hahns sehr wohl. Zu dessen wichtigsten Funktionen zählt neben der Fortpflanzung vor allem die Wahrung des sozialen Friedens. Das heißt, die Anwesenheit eines guten Hahns verhindert viele kleine Rangeleien und Streitigkeiten. Ebenso gehört der Schutz und die Bewachung der Herde sowie deren Führung und Zusammenhalt zu seinen vordringlichen Aufgaben. Durch bestimmte Stimmlaute warnt er vor allerlei Gefahren und stellt sich bei Bedarf mutig vor den Feind. Hähne, die Menschen angreifen, um ihre Hühner zu schützen, sind keine Seltenheit. Immer wieder kann man auch beobachten, dass Hähne großzügig die besten Leckerbissen ihren Damen überlassen und ihnen sogar bei der Nestsuche behilflich sind.

Das Federpicken

Höchste Aufmerksamkeit ist geboten, wenn Sie beobachten, dass sich bestimmte Tiere Ihrer Herde plötzlich für das Gefieder ihrer Artgenossinnen stark zu interessieren scheinen und an bestimmten Federpartien, wie Schwanzfedern oder Flügelspitzen, herumzupfen. Solche Verhaltensweisen können sogar bei Küken bereits im Alter von wenigen Tagen auftreten und unter Umständen im Alter von vier bis sechs Wochen schon zu erheblichen Gefiederschäden führen. Dieses Federpicken oder auch Federfressen ist leider immer noch eines der Hauptprobleme in der Hühnerhaltung, zu dessen Folgen

Mögliche Ursachen für das Federpicken

- **Nährstoffmangel:** Eine unausgewogene Futterration, insbesondere der Mangel an den beiden Mineralstoffen Kalzium und Natrium, aber auch ein Mangel an Vitaminen und essenziellen Aminosäuren kann das Fehlverhalten mitverursachen.
- **Fütterungsfehler:** Pelletiertes Futter kann von den Tieren sehr schnell aufgenommen werden. Diese kurzen Fresszeiten führen vor allem in der bewegungsärmeren Jahreszeit zu Langeweile.
- **Haltungsfehler:** Überfüllte Ställe, mangelnder Auslauf, ungenügender Scharrraum oder auch das Fehlen eines Hahns können als Ursache in Frage kommen.
- **Genetische Veranlagung:** Durch zahlreiche Forschungsarbeiten wurde nachgewiesen, dass manche Rassen beziehungsweise Herkünfte mehr zum Federpicken neigen als andere.

Welche Sofortmaßnahmen sollten ergriffen werden, wenn Federpicken oder sogar Kannibalismus auftritt?

- ➔ Leicht verletzte Tiere mit im Handel erhältlichen Präparaten behandeln und sie vor weiteren Attacken schützen;
- ➔ stark verletzte, bereits blutende Tiere unbedingt sofort von der Herde trennen und behandeln;
- ➔ Tiere möglichst schnell ablenken und beschäftigen, beispielsweise mit täglichen Körnergaben in die Einstreu;
- ➔ Herde beobachten und die auf frischer Tat ertappten Übeltäter von der Herde trennen. Achtung: Auch Hühner merken, wenn sie beobachtet werden und benehmen sich anders.

man nicht nur Gefiederschäden, sondern auch ernsthafte Hautverletzungen bis hin zum Kannibalismus zählen muss. Die Ursachen dieses Fehlverhaltens sind meist schwer zu bestimmen, der Verlauf und die Auswirkungen schlecht vorherzusagen.

Wichtig ist, dass man den oder die Übeltäter frühzeitig erkennt und so schnell wie möglich aus der Herde entfernt. Sonst kann es leider passieren, dass man auf Grund des ausgeprägten Nachahmungstriebs der Tiere in kürzester Zeit nicht nur eine Federfresserin sondern viele beobachtet.

Kannibalismus

Auch starkes Federpicken muss nicht zwangsläufig zu Kannibalismus führen, kann aber trotzdem in vielen Fällen als direkte Vorstufe angesehen werden. Schnell wird aus einem durch Federpicken bedingten Gefiederproblem ein Hautproblem. Die kahlen Stellen werden größer und weisen kleinere Hautverletzungen auf, die zu bluten beginnen. Spätestens jetzt beginnt die ganze Herde sich für diesen "Fall" zu interessieren. Meist ohne große Gegenwehr lässt sich das Opfer von der ganzen Herde picken und hacken. Vor allem das Bepicken der Kloake kann für die betreffenden Tiere schreckliche Folgen haben und endet ohne das Eingreifen des Tierhalters nicht selten tödlich.

Das Eierfressen

Ein weiteres zwar unerwünschtes, aber vergleichsweise harmloses Verhalten ist das Eierfressen, dessen Folgen für den Tierhalter höchst unangenehm, aber für die Tiere völlig ungefährlich sind. Da die Ursache für dieses Fehlverhalten unbekannt ist, gibt es auch kaum überzeugende Gegenmaßnahmen. Einzige Abhilfe ist der Einbau von Abrollnestern, damit die Eier sofort nach dem Legen für die Hennen unerreichbar sind. Anscheinend merken die Hühner meist ganz zufällig, vielleicht durch ein besonders weichschaliges Ei oder ein Bruchei, dass ihr eigenes Produkt durchaus schmackhaft sein kann. Durch den bereits mehrfach angesprochenen Nachahmungstrieb findet diese Unart schnell viele Anhänger in der Herde. Nach kurzer Zeit sind die Tiere so gierig auf frisch gelegte Eier, dass innerhalb von Sekunden allerhöchstens noch eine feuchte Stelle in der Einstreu zurückbleibt. Auf jeden Fall sollte man sich davor hüten, Eierschalen an die Tiere zur Vorbeugung gegen Kalziummangel zu verfüttern, denn dadurch verführt man sie geradezu zum Eierfressen.

Welche Sprache spricht das Huhn?

Die meisten Menschen, die Hühner halten, möchten natürlich auch deren "Sprache" verstehen, das heißt die verschiedenen Laute richtig interpretieren können. Entsprechend ihres relativ gut entwickelten Gehörs verfügen Hühner nämlich über zahlreiche sehr gut unterscheidbare Lautäußerungen, um mit ihren Artgenossen zu kommunizieren oder eventuelle Feinde abzuschrecken. Bereits Tage vor dem Schlupf kann sich ein Küken mit leisen Pieptönen bemerkbar machen und mit der Glucke so in Kontakt treten, die ihrerseits mit tiefen, beruhigenden Tönen antwortet. Diese frühe stimmliche Prägung aufeinander gewährleistet nach dem Schlupf das sichere Wiedererkennen zwischen der Glucke und ihren Küken. Verliert ein Küken später einmal den Anschluss und wird von der Glucke getrennt, stößt es ein durchdringendes Piepsen aus, das so genannte "Verlassenheitsweinen", auf das die Glucke sofort reagiert. Eine weitere wichtige Lautäußerung ist das laute Gackern der Henne bei Gefahr, wodurch sie drohendes Unheil und ihre damit verbundene Angst anzeigt. Sehr oft können wir auch den "Herdensuchruf" hören, mit dem die Henne nach vollbrachtem Legeakt die Verbindung zu ihrer Herde wieder herstellt.

Der durchdringende Weckruf des Hahns ist aus unserem täglichen Leben nahezu verschwunden.

Natürlich gibt es auch Laute der Zufriedenheit und des Wohlbefindens oder Lockrufe beim Auffinden besonderer Leckerbissen, die eine Glucke ihren Küken oder ein Hahn seinen Hennen zukommen lassen möchte. Einzelnen Hennen in hahnlosen Herden gelingt es sogar das Krähen in ihr Repertoire aufzunehmen. Auch andere typisch männliche Laute sind zuweilen aus weiblichem Schnabel zu hören. So ahmen Hennen während des Brütens zu ihrem eigenen und zum Schutz ihrer Brut manchmal den Warnschrei der Hähne nach.

Nicht das nachgeahmte, sondern das charakteristische Krähen des Hahns ruft bei so manchem Nachbarn großen Unmut hervor, da es bei ruhiger Umgebung sogar noch in zwei Kilometer Entfernung zu hören ist und unter Konkurrenten ein richtiges Krähduell auslösen kann. Was in unserer zivilisierten Welt viel Ärger auslösen kann, erfuhr dagegen bei den alten Persern hohe Wertschätzung, da nach deren Vorstellung der Hahn mit seiner Stimme Dämonen und Zauberer vertrieb und damit als Beschützer von Haus und Vieh galt.

Auch bei anderen Geflügelarten wie Puten, Gänsen oder Enten kennen wir die Verständigung über Laute, doch hinsichtlich der Vielfalt ist sie nicht mit der der Hühner vergleichbar. Über 30 unterschiedliche Laute, vom Futterlockruf bis zum gellenden Angstschrei, gehören zum stimmlichen Repertoire unserer Hühner.

Altsteirer

Wer ein leichtes Legehuhn bevorzugt und eine Ader für alte Kulturrassen hat, sollte sich näher mit der Rasse der Altsteirer befassen. Wie der Name sagt, wurde dieses Bauernhuhn in der österreichischen Steiermark erzüchtet. Neben der weit verbreiteten Ursprungsfarbe Wildbraun (Henne), wobei der Hahn einem kleinen "Italiener" ähnelt, gibt es auch den weißen Farbschlag. Als besonderes Erkennungsmerkmal findet man bei Hahn und Henne hinter dem Kamm einen kecken Federschopf. Die Altsteirer sind in ihrer Heimat ein unverfälschtes Kulturgut und darüber hinaus echte Zwiehühner, die uns gleichermaßen mit Fleisch und Eiern versorgen.

Zwiehuhn	♂	♀
Gewicht	3,0 kg	2,5 kg

Australorps

Wer ein echtes Zwiehuhn sucht, kommt an dieser noch recht jungen Rasse, die in Australien erzüchtet wurde, nicht vorbei. In der Hauptfarbe präsentieren sich diese Hühner in einem grünlich schwarz schimmernden Federkleid. Der Rumpf wird durch schwungvolle Lenden bestimmt. In ihren Adern fließt überwiegend das Blut einer schweren Mastrasse; daraus folgt die gute Mastfähigkeit und Fleischqualität. Das Eigewicht ist beachtlich, die Legeleistung hervorragend. Für den wirtschaftlich orientierten Geflügelhalter sind die Australorps sicherlich eine gute Wahl. Auch auf den Rassegeflügelschauen ist dieses Huhn zahlreich vertreten.

Zwiehuhn	♂	♀
Gewicht	3,5 kg	2,5 kg

Brabanter Bauernhühner

Der Ursprung dieser Rasse geht bis in das 17. Jahrhundert in der Grafschaft Brabant zurück. In Deutschland wurde diese Rasse erst Mitte der 1990er Jahre in den Rassestandard aufgenommen. Kennzeichnend für dieses typische, etwas derbe Landhuhn ist der besonders bei der Henne ausgeprägte Federschopf hinter dem Kamm. Es gibt viele Farbschläge, wobei die Wachtelfarbigen dem wildhuhnähnlichen Naturell dieser Rasse am nächsten kommen. Das Huhn ist sehr vital und fruchtbar, allerdings spätreif mit einer durchschnittlichen Legeleistung. Nicht zu verwechseln ist diese Rasse mit den "Brabantern", einem Zierhuhntyp .

Legehuhn	♂	♀
Gewicht	2,5 kg	2 kg

Barnevelder

Diese wirtschaftlich interessante Rasse kommt ursprünglich aus Holland und hat sich von dort auch bei uns weit verbreitet. Sie vereint viele gute Eigenschaften wie Legeleistung, Fleischleistung und -qualität mit einer einmaligen Federzeichnung bei dem braunen Farbschlag. Hier findet man so genannte doppelt gesäumte Federn, das heißt doppelt schwarze Saumzeichnung auf braunem Grund. Eine gleichmäßige Verteilung dieses Farbmerkmals auf bestimmte Körperpartien ist das Ziel und der Stolz eines jeden Züchters. Besonders hervorzuheben sind auch die Eier mit ihrer satt dunkelbraunen Farbe und das ruhige zutrauliche Wesen der Tiere. Da sie nicht gern fliegen, ist die Haltung dieser Hühner relativ einfach.

Zwiehuhn	♂	♀
Gewicht	3,5 kg	2,7 kg

Unter-
bringung

Eine besonders artgerechte Hühnerhaltung, die sich nicht überwiegend an ökonomischen Zielrichtungen orientieren muss, ist eine gelungene Verbindung von Stall- und Auslaufhaltung. Diese Haltungsform kommt dem Bestreben des Hobby- und Rassegeflügelzüchters sehr entgegen, seine Tiere mit Stolz und Befriedigung unter freiem Himmel und unter natürlichen Bedingungen erleben zu können.

Hühner benötigen unter unseren klimatischen Bedingungen Schutz vor den Unbilden der Witterung, vor allem vor Kälte und Schnee im Winter. Erwartet man von ihnen in der kalten Jahreszeit auch noch entsprechende Leistung in Form von Eiern, muss man ihnen einen trockenen, winddichten und isolierten oder auch klimatisierten Stall anbieten. Im Stall finden unsere Schützlinge Unterschlupf, können sich ausreichend bewegen, Futter und Wasser aufnehmen und schließlich auch Eier legen. Ein solch angenehmer Ort kommt dem Halter der Tiere gleichermaßen entgegen, da er dort seine Tiere füttern, pflegen und beobachten kann. Dazu gehört auch, dass er dort das Futter, die benötigte Einstreu, verschiedene Gerätschaften und die Stallapotheke unterbringen kann.

In der wärmeren Jahreszeit lieben es die Hühnervögel besonders, außerhalb des geschlossenen Stalls ihr Futter zu suchen, ausgiebig zu scharren, das Areal neugierig zu erkunden oder in der Sonne liegend Siesta zu halten. Dazu benötigen sie einen entsprechend abgegrenzten und eingezäunten Auslauf, der möglichst dicht an den Stall anschließen und in mehrere Zonen unterteilt sein sollte. Hier an der frischen Luft und unter freiem Himmel wird sich für den Betrachter die Freude an der Hühnerhaltung erst recht entfalten.

Eine Idylle, wie man sie nur noch selten findet.

Fachgerechter Windschutzkasten mit Hühnerleiter.

Was beim Stallbau zu beachten ist

- → Unterliegt der Stallbau einer behördlichen Genehmigungspflicht?
- → Wie soll die Stallgröße bemessen sein?
- → Welches Baumaterial soll verwendet werden?
- → An welchem Standort soll der Stall gebaut werden?
- → Soll es ein einfacher Kaltstall oder ein isolierter Stall mit Stromversorgung und Heizmöglichkeit sein?
- → Soll ein Geräte- und Lagerraum integriert werden?

Stall

Eine der wichtigsten Entscheidungen, die Sie zum Stallbau treffen müssen, ist die Wahl des Standorts.

Standort

Der Stall sollte an einem möglichst trockenen Ort errichtet und am Rande des Auslaufs platziert werden. Ein trockener Platz mit niedrigem Grundwasserstand garantiert immer einen trockenen Stallboden und ein entsprechend trockenes Stallumfeld. Bei einer Platzierung am Rande des Auslaufs muss man nicht immer den Auslauf queren, wenn man den Stall betreten will. Darüber hinaus sollte man den Stall mit Blick auf die Himmelsrichtung so ausrichten, dass auch die tief stehende Sonne im Winter durch die Fensterfront Licht und Wärme in den Stall bringen kann. Das heißt, die Fensterfront sollte nach Süden oder nach Südosten gerichtet sein.

Baumaterial

Die Wahl des Baumaterials richtet sich nach Verfügbarkeit, Kosten und Größe des Projekts. In der Regel wird sich Holz als geeignetes Material anbieten, bei größeren Projekten auch Steine und Beton. Holz ist ein typisches Material für den versierten Heimwerker und daher sicher der am häufigsten verwendete Werkstoff im Bereich der Hobby- und Ziergeflügelhaltung. Bau- und wärmetechnisch kann man mit Holz oder Steinen und Beton gleichermaßen gute Lösungen erzielen. Am Ende ist es oft eine Frage des Geschmacks, welcher Baustoff sich in das Bild des heimischen Gartens am besten einfügen lässt.

Stallbau

Sind die hier aufgeführten Fragen beantwortet, kann der Bau beginnen. Beispielhaft beschrieben wird der Bau eines isolierten Hühnerhauses in

Hühnerhaus in Seitenansicht mit Tür zum Vorraum und großem Fenster für den Stall.

Holzbauweise als Heimstatt für zwölf Großhühner mit Hahn und einem integrierten Vorraum (für Gerätschaften und zur Einlagerung von Einstreu und Futtervorräten). Das ist von den verschiedenen Möglichkeiten das aufwändigste Projekt, von dem sich leicht einfachere Bauweisen ableiten lassen. Es sei jedoch davor gewarnt, den Stall zu klein und zu primitiv zu bauen, da man dann, insbesondere in der unwirtlichen Jahreszeit, Gefahr läuft die Freude an der Pflege der Schützlinge zu verlieren.

Einige Richtwerte zum Stall	
Stallgröße	1 m² für 3-4 Tiere
Auslaufgröße	10-20 m² je Tier
Legenester	1 Nest für 3-4 Tiere
Troglänge	12-15 cm je Tier
Sitzstangen	1 m für 4-5 Tiere
Relative Luftfeuchte	50-70 %

Man beginnt den Bau mit einem einfachen Betonfundament auf einer Kiesschüttung oder entsprechenden Fundamentstreifen aus Beton, in die man auch gleich die Verankerungen für die Holzwände integrieren sollte.

Den Boden des Stalls können Sie in verschiedener Weise ausführen. Wichtig ist, dass das Stallbodenniveau 20 bis 30 Zentimeter über dem natürlichen Geländeniveau liegt, damit der Stallboden auch bei starken Regenfällen trocken bleibt. Eine geschlossene Betonplatte als Bodenabschluss erleichtert die Reinigung und Desinfektion des Stalls. Sie ermöglicht jedoch keinen Gasaustausch mit dem Unterboden. Dies ist zum Beispiel der Fall bei Verwendung von gebrannten Ziegeln auf einem Sandbett, die mit Kalkmörtel verfugt werden – ähnlich wie in einem guten Weinkeller. Die Wände werden in Sandwich-Bauweise gefertigt, das heißt, zwischen der tragenden Holzkonstruktion wird die Isolierung angebracht. Innen und außen werden die Wände mit Holzbrettern verkleidet. Auf der Innenseite empfehlen wir möglichst gehobelte Bretter oder ent-

Soll ich oder soll ich nicht?

sprechende Platten, um eine glatte und winddichte Fläche zu erhalten, die leicht zu reinigen und zu desinfizieren ist. Außen können Sie sägeraue Bretter verwenden, die Sie beispielsweise senkrecht überlappend als so genannte Deckelschalung anbringen. Das Dach kann man als Sattel- oder Pultdach ausführen, je nach Geschmack und örtlichen Gegebenheiten. Vorteilhaft ist auch hier eine Isolierung gegen extreme Kälte oder sommerliche Hitze. Von der Dachkonstruktion abhängig ist das Material für die Dacheindeckung (zum Beispiel Ziegel, Schindel, begrüntes Dach); abzuraten ist von einer einfachen Abdichtung mit Bitumenpappe, da eine solche Eindeckung erfahrungsgemäß nach wenigen Jahren an verschiedenen Stellen zunächst unmerklich undicht wird und das Dach von innen zu modern beginnt. Satteldächer haben den Vorteil, dass man den Giebelraum eventuell als Lagerstätte nutzen kann. Pultdächer sind in der Regel einfacher zu bauen.

Stallklima

Ein wesentliches Element für das Wohlbefinden unserer Tiere ist das Stallklima. Ausreichend Luft und Licht sind Grundbedürfnisse, die optimal erfüllt sein sollten. Hühnervögel benötigen auf ihre Körpermaße bezogen mehr Sauerstoff als andere Nutztiere. Diesen Anspruch müssen wir beim Stallbau konstruktiv berücksichtigen. Bei kleineren Beständen sind keine technischen Hilfsmittel wie Elektroventilatoren erforderlich. Hier reicht der Einbau diverser Be- und Entlüftungsklappen aus. Dabei macht man sich das physikalische Phänomen zunutze, dass kalte Luft auf den Boden sinkt und erwärmte Luft aufsteigt. Diesem Prinzip der Schwerkraftlüftung folgend installiert man zum Beispiel bei einem Pultdach an der niedrigeren Rückwand im oberen Teil entsprechende Lüftungsschieber oder Lüftungsklappen. Diese führen über einen Kanal zwischen den Sparren frische Luft in den Stall, die sich dann von der Stalldecke nach unten hin verteilt. Als Gegenstück bringt man im oberen Teil der vorderen Wand ebenfalls Schieber oder Klappen an, über welche die verbrauchte warme Luft entweichen kann. Statt der Schieber können Sie im vorderen Teil auch entsprechend konstruierte Fensteröffnungen benutzen.

Licht ist ein weiteres wesentliches Grundbedürfnis für ein Lebewesen. Das natürliche Sonnenlicht kostet keinen Pfennig und dient noch dazu als Wärmequelle. Für gute Lichtverhältnisse baut man ein ausreichend großes Fenster an der vorderen Stallseite ein. Die Größe sollte etwa ein Drittel der Bodenfläche betragen, um den Stall optimal auszuleuchten und der Sonne auch Gelegenheit zu geben, ihre biologisch aktivierenden und gleichzeitig Bakterien hemmenden Strahlen in jeden Winkel des Stalls zu bringen. Als Beschattungsmöglichkeit für heiße Sommertage oder Kälteschutz für lange Winternächte ist es sicherlich vorteilhaft, wenn Sie Klappläden an den Außenwänden anbringen. Darüber hinaus sollte das Fenster so ausgeführt sein, dass es im oberen Teil in Kippstellung gebracht werden kann (siehe Lüftung). Für den Fall, dass man das Fenster in den heißen Sommermonaten komplett entfernen kann, empfiehlt sich an der Innenseite ein Drahtgitter vor dem Fenster, um die Verletzungsgefahr für aufgeschreckte Hühner zu verringern und gleichzeitig als Schutz gegen das Eindringen anderer Tiere.

Neben einer solchen perfekten "Neubaulösung" besteht jedoch durchaus die Möglichkeit einen Hühnerstall in bereits bestehenden Nebengebäuden oder in einem nicht mehr genutzten Gartenhäuschen unterzubringen, dies vor allem, wenn es sich um eine besonders kleine Herde von vier bis sechs Tieren handelt. In manchen Situationen bietet sich auch der Bau eines kleineren tragbaren und versetzbaren Hühnerhauses an. Für welche Lösung Sie sich auch entscheiden, die hier und im Folgenden genannten Grundbedürfnisse des Huhns sollten möglichst weitgehend berücksichtigt werden.

Faustregeln für die Lüftung

- → Be- und Entlüftungsklappen beziehungsweise -schieber grundsätzlich in unterschiedlicher Höhe anbringen, dabei müssen die Entlüftungsklappen höher liegen.
- → Lieber zahlreiche kleine Lüftungseinheiten als eine große durchgehende Klappe oder ein großes Fenster; dadurch bessere Abstimmungsmöglichkeiten auf Bestandsdichte und Witterung.
- → Keine Lüftungseinrichtung ohne Schutz vor Fliegen, "Mitessern" oder Räubern, wie Spatzen, Mäuse, Ratten oder Marder.
- → Möglichst einfache Handhabung, die auch im Winter gut funktioniert.
- → Zugluft unbedingt vermeiden!

Stalleinrichtung

Einen großen Teil ihres Lebens verbringen die Hühner im Stall. Daher muss man diesen engen Lebensraum ihren Bedürfnissen entsprechend gestalten. Das heißt, man benötigt einen strukturierten Raum, in dem die Tiere all das ausleben können, was ihrem Naturell entspricht, also Scharren, Picken, Ruhen, Flügelschlagen, Sand-

Was ist bei der Stalleinrichtung zu beachten?

- → Die Einrichtungsgegenstände und Einbauten müssen einfach konstruiert und funktionsgerecht sein.
- → Die Gegenstände und Einrichtungen sollten leicht demontierbar und gut zu reinigen sein.
- → Möglichst glatte Oberflächen sind von Vorteil, um einen guten Desinfektionserfolg zu gewährleisten.
- → Unzugängliche Stellen und Ritzen, in denen sich Vogelmilben einnisten können, sollte man vermeiden; dies gilt besonders für den Schlafbereich der Tiere.

Hier kann man nach Herzenslust scharren.

baden, Abkoten, Nahrung und Wasser aufnehmen, Eier legen sowie Brüten und Küken aufziehen.

Sitzstangen. Hühner bevorzugen für die Nacht einen erhöhten Ruheplatz. In ihrem natürlichen Lebensraum würden sie einen Ast in einem Gebüsch oder einem Baum aufsuchen, um vor ihren natürlichen Feinden geschützt zu sein. Diesem angeborenen Verhalten kommt man entgegen, wenn man ihnen Sitzstangen anbietet. Diese werden üblicherweise über der so genannten Kotgrube oder einem Kotbrett angebracht, zumal sie von dieser erhöhten Warte gerne etwas fallen lassen, das man auf diese Weise konzentriert sammeln und einfach entsorgen kann. Das hält die Einstreu weitgehend sauber und reduziert mögliche Krankheitskeime im Scharrraum. Die Sitzstangen und das Kotbrett sollten herausnehmbar sein, damit man sie in regelmäßigen Abständen gut säubern und desinfizieren kann. Auch eine Kotgrube, deren oben offener Teil mit einem Drahtgitter abzudecken ist, sollte zerlegbar konstruiert sein. Die Sitzstangen sollten glatt gehobelt sein und einen rechteckigen Querschnitt besitzen, wobei die oberen Kanten abzuschrägen sind, um Ballengeschwüre zu vermeiden. Man kann die Sitzstangen mit dem Kotbrett sehr schön zu einem abgeschlossenen Schlafabteil zusammenfassen, indem man an der Vorderseite ein Kunststoffrollo anbringt, welches man vor allem in der kalten Jahreszeit schließt, um den Schlafplatz der Tiere einigermaßen temperiert halten zu können.

Richtmaße für Sitzstangen und Kotbrett

Abstand der Sitzstangen untereinander	35-40 cm
Breite der Sitzstangen	4-6 cm
Länge der Sitzstangen je Tier	20-25 cm
Maximale Tiefe des Kotbretts	150 cm

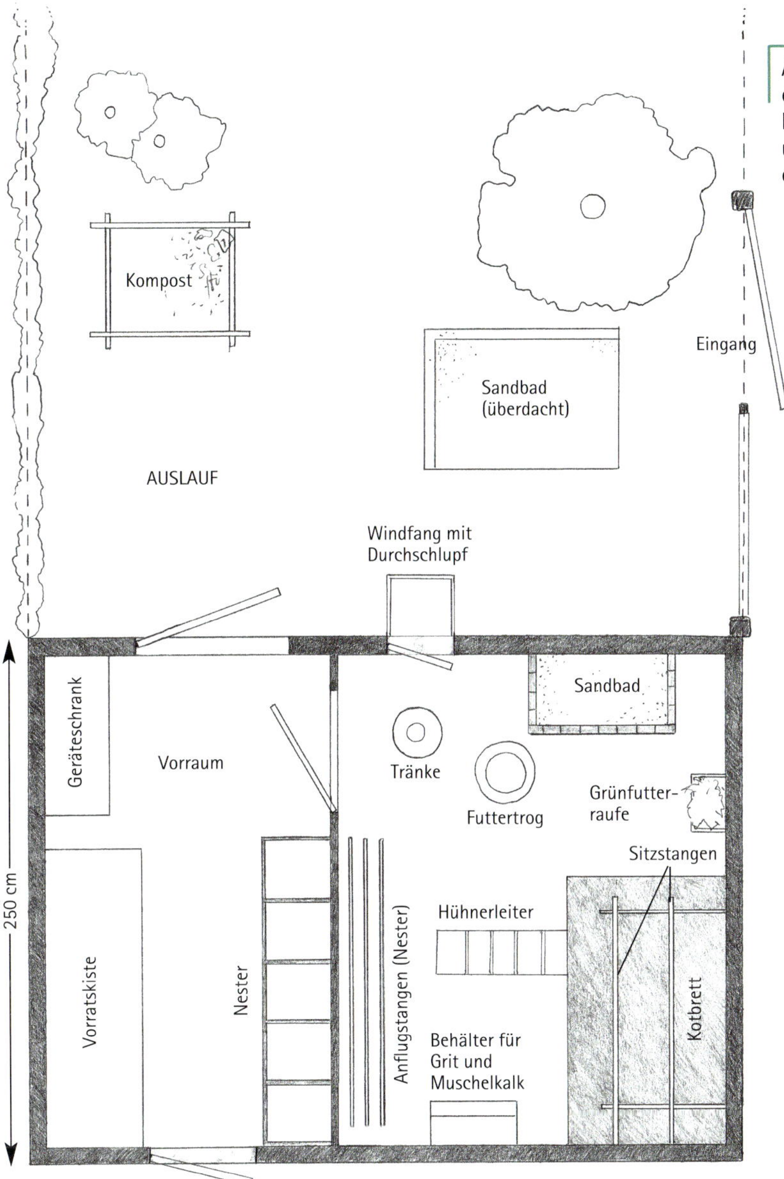

Alle Strukturelemente eines solchen Hühnerheims kommen den Bedürfnissen unserer Hühner optimal entgegen.

Nester. Hühnervögel legen ihre Eier gerne an einer geschützten, halbdunklen Stelle mit weichem Untergrund. Diesem Anspruch kann man gerecht werden, indem man ihnen ein entsprechendes Nest anbietet. Sie sollten jedoch nicht enttäuscht sein, wenn manche Tiere Ihre Bemühungen nicht gleich honorieren und ihre Eier in die Einstreu oder in das Sandbad legen. Neu hinzugekommene oder frisch legende Hennen müs-

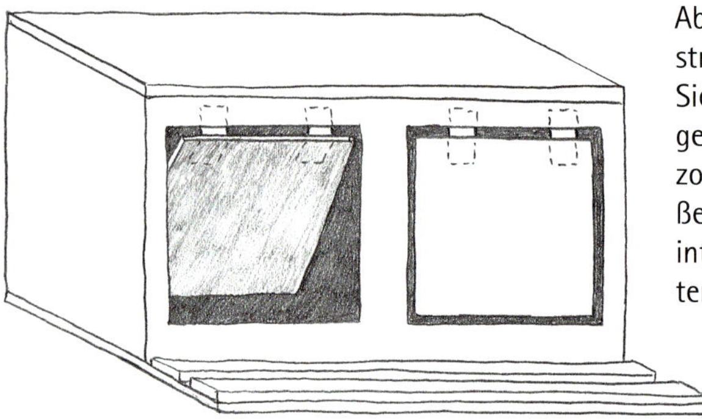

Einfachnest (oben), Fallnester (unten).

sen sich erst an das Nest gewöhnen. Auch brütig werdende Hennen neigen sehr dazu ihre Eier zu verstecken, um sie unserem täglichen Zugriff zu entziehen. Sollen die Tiere also unsere "Hilfen" annehmen, muss man die Nester attraktiv gestalten und günstig platzieren. Dazu reicht in der Regel ein dreiseitig umschlossener Kasten mit einem Deckel, der mit weichem Material (Hobelspäne, Strohhäcksel) eingestreut ist. Die offene Front ist im unteren Bereich mit einem Abschlussbrettchen zu versehen, damit die Einstreu nicht herausfallen kann. Platzieren sollten Sie die Nester möglichst nicht dem Fenster zugewandt und etwas abseits von der Aktivitätszone. Ideal ist es, wenn Sie die Nestkörper außerhalb des eigentlichen Stallareals anbringen, integriert in die Abtrennungswand zum Geräteraum mit einer Klappe zur Eientnahme an der Nestrückwand. Auf diese Weise muss man den Stallraum zum Eiersammeln nicht betreten und die Nester beanspruchen keinen unnötigen Platz. In jedem Fall sollte man nicht vergessen vor den Nestern eine Anflugstange anzubringen, damit die Tiere ihre Nesthöhle bequem erreichen können.

Neben diesen einfachen Nestern werden von ausgesprochenen Züchtern gerne so genannte Fallnester verwendet. Bei diesem Nesttyp wird die Henne bei der Eiablage durch eine Klappe an der Vorderseite des Nests gefangen und muss von Hand wieder in die Freiheit entlassen werden. Dadurch kann der Züchter das Ei der jeweiligen Henne exakt zuordnen und entsprechend kennzeichnen. Beide Nesttypen können sowohl mit Einstreu oder einem Abrollboden mit darunter befindlicher Schublade versehen werden, aus der man das Ei entnehmen kann. Schließlich werden in größeren Beständen auch Gruppennester verwendet, bei denen die Eiablage zum "Gruppenerlebnis" für die Henne wird.

Einige Zahlen zum Bau von Nestern

Grundmaße für Einzelnester (in cm)	Breite	Tiefe	Höhe
schwere Rassen	30	35	40
leichte Rassen	20	35	40
Zwerghühner	15	25	30
Verhältnis Tierzahl zu Einzelnest	3-5 Tiere pro Nest		
Verhältnis Tierzahl zu Gruppennest	60–100 Tiere pro m^2 Nestraum		

Futter- und Tränkebehälter. Voraussetzung für eine gute Legeleistung ist nahrhaftes Futter und sauberes Wasser. Um den Tieren diese Grundlagen in der erforderlichen Qualität anbieten zu können, benötigt man spezielle Futter- und Tränkebehälter. Im Prinzip reichen dafür einfache Holz- oder Steintröge und eine Schüssel, doch ist der Aufwand für die regelmäßige Reinigung und die Gefahr der Futtervergeudung durch Herausscharren sehr groß. Bewährt haben sich daher im Fachhandel erhältliche Futter- und Wasserbehälter, die konstruktionsbedingt die Futterverluste in Grenzen halten und sauberes Wasser garantieren. Entscheiden Sie sich für entsprechende Vorratsautomaten, haben Sie sogar die Möglichkeit die Tiere für einige Tage durchgehend zu versorgen. Ein freundlicher Nachbar wird dann sicherlich bereit sein zur Kontrolle täglich einen Blick in den Stall zu werfen. Als besonders geeignet haben sich Rundfutter- und Rundtränkeautomaten erwiesen, die man mit Hilfe einer Kette an der Stalldecke befestigt und individuell in der Höhe über dem Stallboden aufhängen kann. Allerdings sollte die ringförmige Tränkerinne des Wasserautomaten regelmäßig gereinigt werden.

Neben dem üblichen Körnerfutter oder Futterschrot sollten Sie den Tieren gerade in den Wintermonaten auch Behältnisse für Grünzeug als Vitaminspender und Grit beziehungsweise zermahlene Muschelschalen als Verdauungshilfe und zur Kalkversorgung zur Verfügung stellen. Hier reichen jedoch einfache selbst angefertigte Futterraufen und Vorratsbehälter völlig aus.

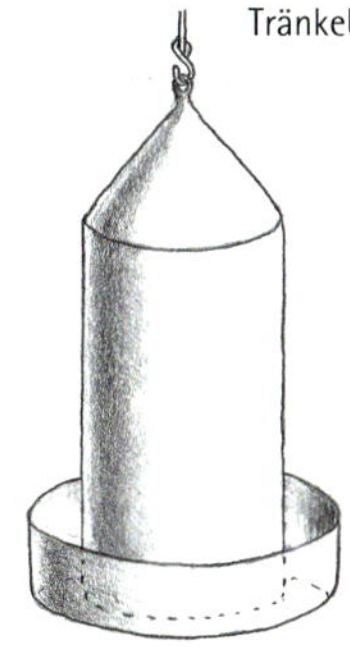

Tränkebehälter

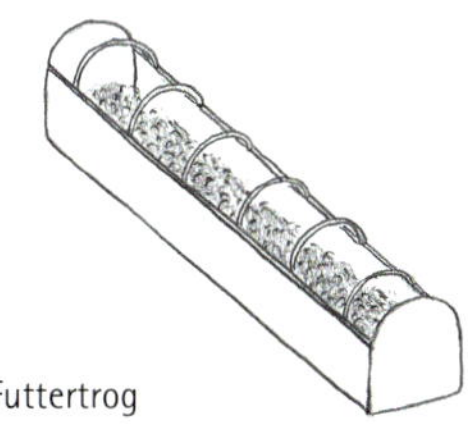

Futtertrog

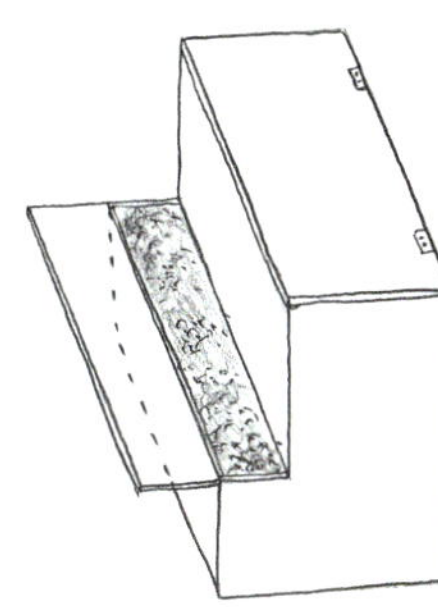

Futterkiste

Solche Behältnisse für Wasser und Futter sind einfach, aber zweckmäßig.

Scharrraum. Die eingestreute Bodenfläche, auf der sich die Hühner bewegen, bezeichnet man als Scharrraum, weil die Tiere hier gern ihrem arteigenen Bedürfnis nachgehen und in der Einstreu scharren und picken. Die Einstreu sollte, um den Druck von Krankheitserregern möglichst niedrig zu halten, regelmäßig aufgefrischt und zwei- bis dreimal im Jahr komplett erneuert werden. Da Hühner durch das häufige Absetzen von Exkrementen immer neue Feuchtigkeit in die Einstreu bringen, sollte das Einstreumaterial stark saug- und bindungsfähig sein. Geeignet sind Hobel- und Sägespäne sowie Strohhäcksel und Torfmull. Durch die regelmäßige Ergänzung der Einstreu wird das Erkundungsverhalten und Scharren der Tiere angeregt. Dadurch wird das Material gemischt und durchlüftet und der mikrobielle Abbau der Exkremente gefördert, das wiederum der Stallhygiene und damit der Gesundheit von Tier und Mensch förderlich ist.

Aufsaugvermögen von Einstreumaterial je 100 kg

Hobelspäne	145 kg
Sägespäne	152 kg
Weizenstroh	257 kg
Roggenstroh	265 kg
Haferstroh	275 kg
Torfmull	404 kg

Sandbad. Unsere Tiere benutzen die Einstreu auch gerne für ein ausgiebiges Staubbad, wenn sie trocken und locker ist. Man kann den damit verbundenen Sinn der Parasitenbekämpfung verbessern, wenn man ihnen in einer Ecke des Stalls ein separates Sandbad einrichtet. Dazu reicht eine flache Kiste mit etwa 40 × 40 Zentimeter Grundfläche, die

Ein Sandbad dient dem Wohlbefinden und hilft gegen lästige Plagegeister (Parasiten).

mit einer Mischung aus feinem Sand und eventuell ein wenig Asche aus dem Holzofen gefüllt ist. Sie sollte ein klein wenig erhöht stehen, damit nicht allzu viel Einstreumaterial in das Sandbad eingetragen wird.

Auslauf

Am schönsten ist es sicherlich, wenn man seine Tiere unter freiem Himmel auf frischem Grün laufend und ruhend beobachten kann. Es sind dies Augenblicke der Ruhe und des Bewusstseins mit der Natur im Einklang zu stehen. Wenn Sie diese Momente möglichst oft genießen wollen, müssen Sie für Ihre Hühner einen Auslauf herrichten, der für eine optimale Gestaltung gewisse Grundvoraussetzungen erfüllen sollte.

Grundsätzliches für die Gestaltung eines Hühnerauslaufs

- → Der Flächenbedarf ist auf mindestens 10 Quadratmeter pro Huhn auszurichten.
- → Die Einzäunung muss das Entweichen der Hühner zuverlässig verhindern und Schutz vor Räubern bieten.
- → Der Auslauf sollte Schatten spendende Bäume und Büsche enthalten.
- → Der Wurzelbereich kleinerer Bäume sollte vor dem Scharren der Hühner geschützt werden.
- → In einer separaten Kompostlege sollten die Tiere Gelegenheit haben Grünzeug und Obstreste zu verwerten.
- → Ideal für den Bewuchs sind verschiedene Gräser und Kräuter, die eine gute Futtergrundlage bieten.

In einem weitläufigen Freigehege ist eine überdachte Futterstelle durchaus sinnvoll.

- → Der Auslauf sollte immer eine geschlossene Grasnarbe besitzen und gelegentlich gemäht und nachgesät werden.
- → Es ist von Vorteil, wenn der Auslauf unterteilt wird, damit sich der Bewuchs zwischenzeitlich erholen kann.
- → Die Anlage eines überdachten Sandbads ist sehr zu empfehlen, da so auch die Grasnarbe geschützt wird.
- → Der Auslauf sollte windgeschützte Bereiche besitzen.

Einen guten Auslauf anzulegen, der von den Hühnern über die ganze Fläche angenommen wird, ist nicht einfach. Um eine ideale Verteilung der Tiere zu erreichen, damit zum Beispiel Kahlstellen im Bewuchs oder eine Konzentration von Exkrementen an bestimmten Stellen vermieden werden, muss das Gelände in allen Bereichen attraktiv strukturiert werden. Dazu gehört, dass man kleine Bäume und Sträucher harmonisch anordnet, denn das Huhn ist ursprünglich ein Gebüschbewohner und meidet große freie Flächen. Dazu kommen sollte ein abwechslungsreiches Nahrungsangebot in Form eines vielfältigen Gras- und Kräuterbewuchses, der gleichzeitig Aufenthaltsort für zahlreiche Insekten bietet und so die Tiere animiert, die ganze Fläche nach neuen Leckerbissen abzusuchen.

Gerne angenommen wird beispielsweise eine Kompostlege, die man immer wieder mit Gemüse-, Gras- und Obstabfällen füllt. Die Hühner werden dieses Material liebend gern zu gutem Kompost verarbeiten helfen. Nicht fehlen darf auch zum Ruhen und zur Körperpflege ein etwa ein Quadratmeter großes, überdachtes Sandbad, das an zwei Seiten geschlossen und etwa 20 bis 30 Zentimeter hoch mit feinem Sand gefüllt sein sollte. Vor dem Hühnerhaus empfiehlt es sich eine befestigte Fläche mit Steinplatten oder Holzrosten anzulegen, die es den Hühnern erlaubt an Schlechtwettertagen frische Luft zu schnappen, ohne die aufge-

Tipp für den Anfänger

Beginnen Sie mit einer bescheidenen kleinen Hühnerherde und planen Sie von vornherein eine nahtlose Erweiterung ein. Das erspart auf dem Weg zum vollendeten Hühnerparadies manche Enttäuschung! Insbesondere sollten Sie bei der Planung darauf achten, dass Sie sich ihre täglichen Routinearbeiten möglichst erleichtern, um so mehr Zeit für die Freude an Ihren Hühnern zu finden.

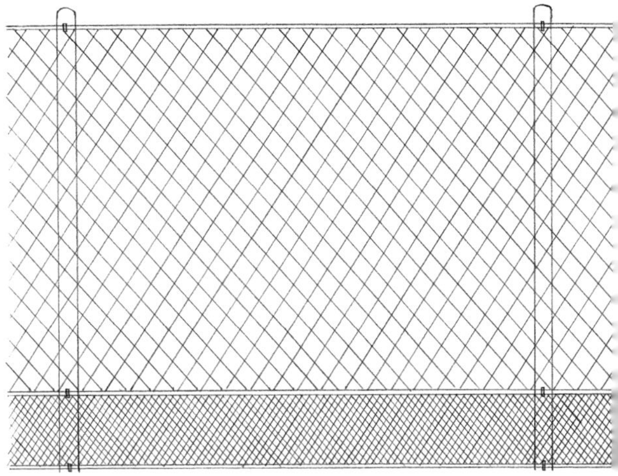

Zaunelement mit engmaschigem Kükendraht im unteren Bereich.

weichte Grasnarbe zu beschädigen. Die elegantere, aber auch aufwändigere Lösung wäre der Anbau eines so genannten Wintergartens an der Frontseite des Hühnerhauses mit einem transparenten Dach und einem geschlossenen Drahtgitter rundum. Einen solchen Wintergarten können die Tiere ständig aufsuchen und bei entsprechender Einstreu als erweiterten Scharrraum benutzen.

Linke Seite:
Freilaufende Hühner lieben es besonders, in Blumenbeeten mit lockerer Erde zu scharren; doch das kann Ärger mit den Nachbarn geben.

Einzäunung. Als Material für die Einzäunung eignen sich sowohl Holz als auch Drahtgeflecht. Das sicherste und einfachste ist die Einzäunung mit Drahtgeflecht, wobei es sich empfiehlt den unteren Bereich mit einem engmaschigen Kükendraht zu versehen, um die vorwitzigen Tierchen am kurzzeitigen Entweichen nach außen zu hindern, wo sie schnell das Opfer von frei laufenden Hunden und Katzen werden können. Die Höhe des Zauns sollte sich zwischen 140 und 200 Zentimeter bewegen. Nur bei schweren Rassen kann er etwas niedriger sein. Die Tore sind so zu dimensionieren, dass man bequem mit einer Schubkarre durchfahren kann.

Windschutz. Hühner meiden windige Orte. Daher sollten Sie exponierte Bereiche des Auslaufs mit einer Windschutzhecke oder einem Holzflechtzaun versehen. Es reichen meistens zwei bis drei Meter einer solchen Windschutzeinrichtung aus, um für die Tiere eine relativ windarme Zone zu schaffen, in der sie sich gerne aufhalten.

Natürlich bleibt es einem jeden Leser überlassen, aus diesen Anregungen und Richtwerten sein eigenes kleines Hühnerreich zu erschaffen.

Cochin

Die schwergewichtigsten und voluminösesten Erscheinungen sind die Cochins. Sie sehen wie riesige Federbälle auf kaum erkennbaren Beinen aus. Ursprünglich stammen sie aus China und haben im Laufe der Zuchtgeschichte vor allem viele neue Fleischrassen mitgeprägt. Heute werden diese liebenswerten Tiere in vielen Farbschlägen gezüchtet und auf Schauen ausgestellt. Sie benötigen im Verhältnis zu ihrer imposanten Größe relativ wenig Raum zur Unterbringung, da sie sich nicht so intensiv bewegen. Dafür sind sie besonders zahm und zutraulich. Die Legeleistung ist beachtlich, auch die Fleischleistung ist sehr hoch. Kurz gesagt: Ihre Aufzucht und ihre Haltung ist problemlos.

Fleischhuhn	♂	♀
Gewicht	5,5 kg	4,5 kg

Brahma

Höchst beeindruckende Gestalten bei den Geflügelschauen sind die Brahma, wahre Riesenhühner. Sie sind zwar nicht unbedingt die schwerste Rasse, dafür aber die größte. Ausgangspunkt der Züchtung waren wohl Cochins und Malaien, also asiatische Rassen. Zuchtziel war eine möglichst hohe Fleischausbeute. Wer sich diese hoch aufragenden, stark federfüßigen Tiere in den heimischen Garten holen möchte, benötigt natürlich entsprechend viel Platz für Auslauf und Hühnerhaus. Das sollte zuvor gut überlegt sein. Dafür ist ihm die Bewunderung der Züchterkollegen und das Bestaunen durch die Besucher gewiss, ebenso wie eine gute Ausbeute an Fleisch und Eiern.

Fleischhuhn	♂	♀
Gewicht	5,0 kg	4,5 kg

Deutsche Reichshühner

Bereits weit vor der Zeit des Dritten Reichs wurde die Idee in die Tat umgesetzt, das Deutsche Reichshuhn zu züchten. Dieses Huhn macht seinem Namen alle Ehre mit seiner stolzen Erscheinung und seinen erhabenen Bewegungen. Es steht in der Rechteckform, getragen von kräftigen mittellangen Ständern. Dieses sehr leistungsfähige Landhuhn wird heute in vielen verschiedenen Farbschlägen gezüchtet und auf Geflügelschauen gern präsentiert. Reichshühner liefern ein gutes Tafelfleisch und reichlich Eier. Trotz ihrer stolzen Haltung sind sie sehr zutraulich und zeigen eine beachtliche Robustheit, somit sind sie auch gut für die Freilandhaltung geeignet.

Zwiehuhn	♂	♀
Gewicht	3,5 kg	2,5 kg

▲

Deutsche Lachshühner

Die Lachshühner wurden zunächst auf Fleischleistung gezüchtet und tragen im Blut ihrer Ahnen unter anderem Gene der Mastrassen Brahma und Dorking. Die interessante Bartbefiederung mit Halskrause am Kopf stammt vom Houdanhuhn. Als weitere Besonderheit ist die Fünfzehigkeit zu nennen. Typisch ist vor allem das lachsfarbene Gefieder, insbesondere bei der Henne, während der Hahn eine sehr unterschiedliche Färbung besitzt. Die warme Farbgebung und die üppige Befiederung verleihen dieser Rasse eine besonders sympathische Note. Deutsche Lachshühner haben eine gute Legeleistung und eine gute Fleischfülle und -qualität. Hier vereinigen sich eine attraktive Erscheinung und eine hohe Wirtschaftlichkeit miteinander. Auf Grund ihres zutraulichen Wesens und ihres geringen Hanges zum Fliegen ist die Haltung einfach.

Zwiehuhn	♂	♀
Gewicht	4,0 kg	3,2 kg

▼

Fütterung

Hühner ernähren sich sehr vielseitig von Sämereien, Grünzeug und allerlei kleinem Getier. Damit sie in unserer Obhut gesund und widerstandsfähig bleiben und auch eine gute Legeleistung erbringen, ist es besonders wichtig für hochwertiges Futter und eine ausgewogene Ernährung zu sorgen.

Rechte Seite:
Bei solch offenen Futtertrögen besteht leicht die Gefahr, dass das Futter durch die Tiere verschmutzt oder herausgescharrt wird.

Wie frisst und verdaut das Huhn?

Wie bei allen Körner fressenden Vögeln ist der Geschmackssinn des Haushuhns nur sehr mangelhaft ausgeprägt. Obwohl es mit seinen in Schnabelhöhle und Gaumen liegenden Geschmacksknospen die vier Geschmacksrichtungen süß, bitter, sauer und salzig unterscheiden kann, spielt dies bei der Wahl des Futters eine eher untergeordnete Rolle. Vielmehr beeinflussen Struktur, Größe, Form, Härte und Oberflächenbeschaffenheit die Entscheidung für ein bestimmtes Futter. Die Vorliebe für eben dieses Futter ist beim Geflügel also weniger "Geschmackssache" als "Tastsache". Nach dem Motto "pick und weg" werden lieber ganze Körner aufgenommen als fein gemahlenes Futter. In Bezug auf Getreidesorten steht Weizen in der Beliebtheitsskala an erster Stelle, gefolgt von Mais, Gerste, Roggen und dem am wenigsten beliebten Hafer.

Futteraufnahme

Das Futterpicken gehört zu den dem Huhn angeborenen Verhaltensweisen. Das heißt, Küken müssen das Futterpicken nicht erst mühsam erlernen, sondern beherrschen es sofort nach dem Schlupf. Allerdings nimmt die Pickgenauigkeit in den ersten Lebenstagen noch zu. Mit dem für Körnerfresser typischen spitzen Schnabel wird das Futter aufgenommen und durch kleine knabbernde Bewegungen in die richtige Lage gebracht. Nach einer gewissen Einschleimung gelangt die Nahrung entweder zunächst in den Kropf oder – bei leerem Magen – durch die Kropfstraße direkt in den Verdauungstrakt.

Der **Kropf** ist eine Ausbuchtung der Speiseröhre, in der das Huhn größere Nahrungsmengen ohne Verdauungsunterbrechung aufnehmen und aufbewahren kann. In ihm wird das Futter etwas eingeweicht und gelangt dann schubweise in den Magen.

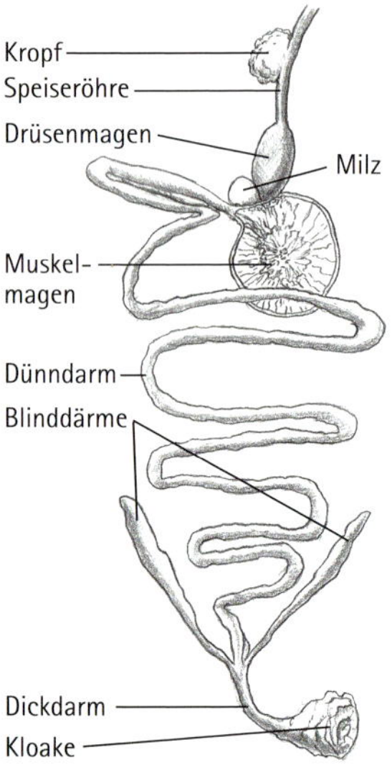

Verdauungsorgane beim Haushuhn.

Drüsen- und Muskelmagen. Zunächst gelangt die Nahrung in den Drüsenmagen, dessen Drüsen die für die Eiweißverdauung sehr wichtigen Magensäfte ausscheiden und mit dem Nahrungsbrei vermengen. Die eigentliche Verdauung, das heißt die chemische und mechanische Umsetzung in für den Körper verwertbare Bausteine, findet erst im Muskelmagen statt. Er besteht aus einem dünnwandigen Zwischenmuskelpaar und einem dickwandigen Hauptmuskelpaar. Beide Paare ziehen sich abwechselnd zusammen und üben dadurch einen Reibungsdruck auf den Nahrungsbrei aus. Kleine Steinchen, die mit der Nahrung aufgenommen werden, unterstützen die mechanische Zerkleinerung der Futtermasse.

Bei Haltungsformen ohne Auslauf sollten Sie den Tieren in einem gesonderten Behälter kleine Steinchen (Grit) aus Quarz, Feuersteinen oder Ähnlichem zur Unterstützung der Mahltätigkeit des Muskelmagens und damit für eine bessere Futterverwertung anbieten. Frei lebende Hühner picken bei Bedarf Steinchen vom Boden auf.

Dünn- und Dickdarm. Der Dünndarm besteht aus Zwölffingerdarm, Leerdarm und Hüftdarm. Im Zwölffingerdarm werden Eiweiße, Kohlenhydrate und Fette mit Hilfe des Drüsensekrets der Bauchspeicheldrüse und mit Hilfe der Gallenflüssigkeit aufgespalten. Im anschließenden Leerdarm wird dann ein Großteil der aufgeschlossenen Nahrung resorbiert. Den Übergang zum wesentlich kürzeren Dickdarm bildet der Hüftdarm. In den beiden auch zum Dickdarm gehörenden Blinddärmen werden die Rohfasern der pflanzlichen Futterstoffe, wie zum Beispiel Spelzen und Häute der Getreidekörner, durch Bakterien aufgeschlossen und somit verdaulich. Außerdem findet hier auch die Wasserresorbtion statt.

Kloake. Die nicht verwertbaren Nahrungsbestandteile werden durch die Kloake ausgeschieden, die nach außen durch den Schließmuskel geschlossen wird. Dickdarmkot und Blinddarmkot werden getrennt abgesetzt, wobei auf zehn Dickdarmentleerungen nur eine Blinddarmentleerung kommt, die man gut an ihrem strengeren Geruch erkennen kann.

Harnapparat. Beim Huhn fehlen Nierenbecken, Harnblase und Harnröhre. Das heißt, der Harnapparat ist bei ihm auf die Nieren und den Harnleiter beschränkt. Der Harn besteht hauptsächlich aus Harnsäure und wird durch Wasserentzug stark eingedickt, sodass er zusammen mit dem Kot als halbfeste, weißliche Masse ausgeschieden wird. Die Rückresorbtion des

Wasserbedarf

Ein besonders wichtiger Bestandteil der Fütterung und auch der Gesunderhaltung der Tiere ist die tägliche Versorgung mit frischem Wasser. Als groben Richtwert kann man sich merken, dass der Wasserbedarf eines Huhns etwa doppelt so hoch ist wie sein Futterbedarf, also etwa 250 g pro Tier und Tag.

Wassers aus dem Harn ist der Grund dafür, dass Hühner mit relativ wenig Wasser auskommen.

Futterbedarf und Futterzusammensetzung

Das Huhn ist ein Allesfresser. In der freien Natur ernährt es sich von Sämereien, Grünzeug und allerlei Tierischem wie kleinen Schnecken, Engerlingen, Würmern und Kerbtieren, ja es jagt sogar Fliegen, Käfer und junge Mäuse, wenn sich die Gelegenheit bietet. Damit ist der Bedarf für die normalen Lebensprozesse inklusive der Aufzucht aus einem Gelege im Jahr gedeckt. Von unseren domestizierten Haushühnern wird jedoch weitaus mehr erwartet, nämlich etwa das Zwanzigfache an Eiern und ein veritabler Braten. Das erfordert naturgemäß ein wesentlich reichhaltigeres und energiereicheres Futter, das die normale Hühnerweide in einem noch so großen und vielgestaltigen Auslauf nicht bieten kann. Den täglichen Weidegang der Tiere vorausgesetzt, aber nicht mitgerechnet, benötigt ein mittelschweres Huhn als Erhaltungsenergie und zur Erzielung einer befriedigenden Legeleistung etwa 120 g Trockenfutter einer Mischung, die dem Bedürfnis des Huhns möglichst optimal entspricht. Die Futtermittelindustrie stellt auf der Basis von langjährigen Forschungen und entsprechenden Erfahrungen in der täglichen Praxis für die verschiedenen Altersgruppen und die unterschiedlichen Einsatzzwecke (Aufzucht, Mast, Eierproduktion) fein abgestimmte Fut-

Der hintere Futtertrog ist durch den oben angebrachten Steg gut gegen Verschmutzung durch die Hühner geschützt.

Standardzusammensetzung einer Futterration auf Getreidebasis

Nährstoff	Träger	Beispiel	Anteil (in %)
Kohlenhydrate	Getreidearten	Weizen, Gerste, Hafer, Mais	55-65
Proteine	eiweißhaltige Pflanzen	Soja, Raps, Lupine, Erbse, Bohne	20-25
Fette	ölhaltige Pflanzen	Lein, Raps, Palme	5-10
Rohfaser	Mühlennebenprodukte	Kleie, Sonnenblumenschrot	4-9
Mineralstoffe	Meerestiere, Mineralkalke	Muschelkalk, kohlensaurer Futterkalk	5-10
Vitamine und Spurenelemente	Fertigpräparate		

Rechte Seite:
Ein einfaches Netz, gefüllt mit frischem Grünzeug, wird gern von den Tieren angenommen.

Rationsbeispiel für ein mittelschweres Huhn

morgens		mittags und abends	
Weichfuttermischung:		Getreidemischung:	
gedämpfte Kartoffeln	15-20 g	Weizen	40 g
Sojaschrot	10-20 g	Gerste	30 g
Weizenkleie	5-10 g	Hafer	15 g
Mineralstoffe/Vitamine	3-5 g	Mais	15 g

termischungen her, die all das enthalten, was das Huhn braucht. Es handelt sich dabei um so genannte Alleinfutter in Mehl- oder Pelletform, die trocken in entsprechenden Trögen angeboten werden. Dies ist die einfachste, bequemste und sicherste Form der Fütterung. Angeboten wird dieses Alleinfutter den Tieren am besten in Futterautomaten zur beliebigen Aufnahme, sodass man keine Fütterungszeiten einhalten muss.

Als zweite Fütterungsalternative empfiehlt sich eine Kombination aus Alleinfutter in Mehlform und Getreide beziehungsweise eine Getreidemischung. Bewährt hat sich ein Kombinationsverhältnis von 2/3 Alleinfutter zur beliebigen Aufnahme und 1/3 Getreide als Zufutter aus der Hand. Diese Methode hat einerseits den Vorteil, dass die Tiere das mehlförmige Futter über einen relativ langen Zeitraum aufnehmen und entsprechend lange damit beschäftigt sind, sodass sie nicht "auf dumme Gedanken kommen" wie etwa Federpicken und Eierfressen. Andererseits erleben sie jeden Tag eine motivierende Abwechslung, wenn man ihnen das Getreide von Hand in die Einstreu gibt. Sie werden diese Gabe hocherfreut pickend und scharrend zu sich nehmen und dabei die Einstreu wenden und durchlüften, wodurch der mikrobielle Umbauprozess gefördert wird. Gleichzeitig erreicht man mit dieser möglichst abendlichen Futtergabe, dass uns die Tiere vertraut bleiben und sie mit vollen Kröpfen sehr bald ihre Schlafstatt aufsuchen, sodass Ruhe im Stall herrscht. Wer keine industriell gefertigten Futtermittel verwenden möchte, wobei im Übrigen die Verwendung von Tiermehlen und tierischen Fetten inzwischen generell verboten ist, hat es ungleich schwerer, seine Tiere vollwertig zu ernähren. Grundlage für eine Eigenmischung könnten etwa gekochte Kartoffeln oder eingeweichte Kartoffelflocken als Weichfutterration sein, die mit Weizenkleie, Sojaschrot oder anderen Eiweißträgern vermengt und durch Vitamine und Mineralstoffe ergänzt wird.

Zur gelegentlichen Ergänzung des Eiweißbedarfs ist auch Magerquark geeignet, von dem man zum Beispiel in der Aufzuchtphase 5 bis 7 Gramm pro Tag vermischt mit klein geschnittenem Grünzeug (zum Beispiel Brennnesseln oder Löwenzahn) füttern kann. Wenn man Weichfutter verabreicht, sollte man darauf achten, dass das Futtergeschirr peinlich sauber gehalten wird, damit Futterreste nicht säuern oder schim-

Werden die Tiere rationiert gefüttert, muss der Trog so bemessen sein, dass alle gleichzeitig fressen können.

Mangelerscheinungen bei unausgewogenen Futterrationen

Eine Unterversorgung an wichtigen Nähr-, Mineral- und Wirkstoffen äußert sich unter anderem in schlechter Gewichtszunahme, mangelnder Legeleistung, dünnen Eierschalen, zögernder Federbildung und Rachitis (Knochenweiche).

meln und dann Durchfall verursachen. Wenn im Auslauf kein Grün zur Verfügung steht, ist es bei allen Fütterungsverfahren – vor allem im Winter – vorteilhaft, anfallendes Grünzeug aus der Küche (zum Beispiel Salat, Kohlblätter, geraspelte Möhren, Äpfel) zu füttern. Auch hier gilt es Futterreste wieder zu entfernen, bevor sie faulen oder schimmeln.

Man sieht, das Futter und die Fütterungstechnik lassen einen großen individuellen Spielraum. Entscheidend ist, dass man den Tieren eine ausgewogene Ernährung bietet – sonst sind Mangelerscheinungen die Folge. Auf alle Einflüsse des Futters und der Fütterung eingehen zu wollen, würde den Umfang dieses Buches sprengen. Dazu sei auf vertiefende Literatur verwiesen oder auf den Rat erfahrener Züchter.

Zusätzlich zum Futter stellt man den Tieren in einem separaten Trog Muschelkalkschalen zur beliebigen Aufnahme zur Verfügung, da besonders die legende Henne zur Eischalenbildung einen hohen Bedarf an Kalzium hat. An dieser Stelle sei nochmals vor der Verfütterung von Eischalen zur Deckung des Kalziumbedarfs gewarnt (siehe Eierfraß). Außerdem bietet man den Tieren einen Trog mit Grit, den sie zur Verdauung benötigen.

Wasserbedarf

Hühner benötigen unter normalen Bedingungen doppelt so viel Wasser wie Futter, nämlich etwa 250 Gramm pro Tag. Bei hochleistenden Legehennen und hohen sommerlichen Temperaturen kann der Bedarf auf mehr als das Doppelte ansteigen.

Wichtig ist aber nicht nur die Menge des Wassers, sondern auch die Qualität dieses Lebenselixiers. Es sollte möglichst frisch und in sauberen Behältnissen angeboten werden. Sehr gut eignen sich runde Vorratstränken, die man in Brusthöhe der Tiere aufhängt oder aufstellt. Dadurch ist gewährleistet, dass die Tränkerinne nicht über Gebühr durch Einstreu und Staub verschmutzt wird. Dennoch ist die Tränke regelmäßig zu reinigen, an heißen Sommertagen möglichst täglich, da unsere Schützlinge gern kühles Wasser trinken. Ansonsten reicht es, die Tränkerinne durch Ausschwenken täglich zu säubern, sodass frisches Wasser schneller nachfließen kann und sich nicht durch Futterreste an den Schnäbeln der Tiere Schleim bildet. Das Tränkewasser ist im Übrigen auch ein gut geeignetes Medium, um den Tieren im Bedarfsfall Vitamine oder einen Impfstoff zu verabreichen.

Täglicher Wasserbedarf und Wasserabgabe (Atmung) bei einer mittelschweren Legehenne

Lufttemperatur (°C)	Wasseraufnahme (g)	Wasserabgabe (g)
+5	220	100
+17	260	110
+28	330	160
+37	625	370

Eine solch idyllische Wasserstelle ist wohl nur wenigen vorbehalten.

Dorking

Die Dorkings sind eine uralte Rasse. Ihr Ursprung geht bis in die Römerzeit zurück. Gezüchtet wurden sie später vor allem in England. Inzwischen sind sie recht selten geworden und gehören auf den Geflügelschauen eher zu den Raritäten. Die Dorkings haben eine lange Rechteckform mit tiefer, voller Brustlinie. Die fünfzehigen Ständer sind recht kurz, lassen aber genügend Raum für reichlich Fleisch an den Schenkeln. Im Typ liegen sie zwischen Zwiehuhn und Fleischhuhn. Sie weisen nur eine befriedigende Legeleistung auf, jedoch eine sehr gute Mastfähigkeit und Fleischqualität. Wem besonders am Erhalt alter Kulturrassen gelegen ist, sollte die Dorkings näher in Betracht ziehen.

schweres Zwiehuhn	♂	♀
Gewicht	4,5 kg	3,5 kg

Dresdner

Diese Rasse ist noch relativ jung und wurde unter reinen Leistungsaspekten aus bereits bestehenden Wirtschaftsrassen erzüchtet. Die Wiege dieser Zucht liegt in beziehungsweise um Dresden. Das Ergebnis dieser konsequenten Zuchtarbeit ist ein attraktives, vitales Huhn, das inzwischen in verschiedenen Farbschlägen auf den Rassegeflügelausstellungen zu finden ist. Ursprungsfarbe waren die Goldbraunen, die ihren warmen Farbton von der Rasse New Hampshire mitbekommen haben. Die "Dresdner" zeichnen sich durch eine ideale Futterverwertung und eine besonders gute Legeleistung aus. Da sie auch recht anständige Winterleger sind, eignen sie sich außerordentlich für den wirtschaftlich orientierten Halter einer kleinen Hühnerherde.

Zwiehuhn	♂	♀
Gewicht	3,0 kg	2,2 kg

Mechelner

Entstanden ist diese Rasse aus gesperberten belgischen Landhühnern. Mit ihrem breiten, tiefen Rumpf und den relativ kurzen Ständern verkörpern sie den Typ des echten Fleischhuhns. Bekannt war diese Rasse früher als Brüsseler Poularde. Die Mechelner haben ein ruhiges Temperament und sind eine recht beeindruckende Erscheinung. Ihre frühere Bedeutung als Fleischlieferanten haben sie inzwischen gegenüber den modernen Masthybriden verloren. Geblieben für den Selbstversorger ist jedoch ihre ausgezeichnete Futterverwertung und für den, der Wert auf einen guten Braten legt, ihr vorzügliches Tafelfleisch mit heller Haut. Dafür ist ihre Legeleistung nur zufriedenstellend.

Fleischhuhn	♂	♀
Gewicht	4,5 kg	3 kg

▼

▲

Italiener

Der Hahn dieser Rasse begegnet uns bereits in früher Jugend in den Schulbüchern. Die Italienerrasse ist in ihrer Eleganz der Prototyp des Haushuhns und geht geschichtlich auf Landhühner der Römer zurück. In Deutschland wurden sie als "Leghorn" bekannt und beliebt. Von dieser Rasse gibt es die meisten Farbvarianten beziehungsweise -schläge der Hühnerrassen überhaupt. Daher ist sie auch bei den Ziergeflügelzüchtern überaus beliebt. Für die Freilandhaltung ist die Rasse sehr gut geeignet, da die Tiere wegen ihrer Lebhaftigkeit und Mobilität in weitem Umfeld ihr Futter selbst suchen. Die Legeleistung ist gut bis sehr gut, die Mastfähigkeit sehr bescheiden. Die "Italiener" legen auch im Winter bei guten Bedingungen fleißig Eier.

Legehuhn	♂	♀
Gewicht	3,0 kg	2,5 kg

Nachwuchs

Rechte Seite: Schutz und Spielplatz zugleich ist die wehrhafte Glucke.

Wer träumte als Halter einer Hühnerherde nicht davon, selbst seinen Nachwuchs zu ziehen und dabei Wachsen und Werden der kleinen Hühnervögel hautnah mitzuerleben? Besonders für Kinder ist es äußerst spannend und lehrreich zu verfolgen, wie aus einem einfachen Ei mit Hilfe von Wärme, Fürsorge und Geduld neues Leben entsteht – eben ein lebendiges kleines Küken.

Je nach Größe der Herde und individueller Zielsetzung der Hühnerhaltung kommen dafür die natürliche und die künstliche Aufzucht gleichermaßen in Frage. Während Menschenkinder und viele Säugetierjunge in den ersten Lebenswochen und -monaten extrem auf die Fürsorge ihrer Mutter angewiesen sind, ja ohne die entsprechende emotionale Bindung kümmern und bleibende Schäden davontragen können, sind die kleinen Küken als so genannte Nestflüchter nach Verlassen der schützenden Eischale bereits sehr selbstständig. So kann man hinsichtlich des Aufzuchterfolgs, des späteren Verhaltens und der Leistung der Hühner nicht mehr feststellen, ob sie einer natürlichen Brut mit Glucke oder einer künstlichen Brut in einem Brutapparat entstammen; beides hat seine volle Berechtigung.

Was man wissen muss	
Brutzeit	ab April/Mai
Eizahl pro Glucke	13-15
Brutdauer	21 Tage
Schlupfdauer	bis zu 24 Std.
Schlupfgewicht	35-45 g
Geschlechterverhältnis	50 : 50

Brutei

Für das Gelingen und den Erfolg einer Brut sind einige wichtige Voraussetzungen und Bedingungen bezüglich des Bruteies von entscheidender Bedeutung.

Befruchtung

Linke Seite:
Henne und Hahn – der Anfang einer eigenen Herde.

Wichtigste Voraussetzung für eine erfolgreiche Befruchtung ist das Geschlechterverhältnis in einer Herde. Bei schweren Rassen benötigt man für zehn Hennen einen Hahn, bei leichteren Rassen genügt ein Hahn für etwa 15 Hennen. Am besten sind natürlich junge und vitale Hähne, die sich in der Herde gut durchsetzen können. Nach der Paarung gelangen die Spermien sehr schnell in die oberen Regionen des Eileitertrichters, wo sie in kleinen Ausbuchtungen, den so genannten Samentaschen, eingelagert werden und bis zu drei Wochen befruchtungsfähig bleiben.

Auswahl des Bruteies

Als Brutei wählt man sich typisch ovaloid geformte Eier aus. Bei einer mittelschweren Rasse sollten sie zwischen 50 und 60 g schwer, absolut sauber und unbeschädigt sein. Mit Hilfe einer Schierlampe (siehe Kapitel "Bruttechnik") lassen sich eventuelle feine Haarrisse, Blutflecken oder die richtige Lage der Luftblase (am stumpfen Pol) gut erkennen.

Lagerung des Bruteies

Häufig ist man gezwungen, Bruteier über einen gewissen Zeitraum zu sammeln und zu lagern. Dies ist normalerweise kein Problem, wenn man einige wichtige Punkte beachtet. Die optimale Lagertemperatur liegt bei 12 bis 14 °C, die relative Luftfeuchtigkeit sollte bei ungefähr 65 bis 75 % liegen. Gelagert werden die Bruteier auf normalen Papp- oder Holzhorden, und zwar mit dem spitzen Pol nach unten. Müssen die Eier länger als 7 Tage aufbewahrt werden, sollten sie waagerecht gelegt und jeden Tag etwa um ein Viertel der Längsachse gedreht werden. Länger als 14 Tage darf man Bruteier nicht liegen lassen, da sonst ihre Brutfähigkeit durch Feuchtigkeitsverlust stark abnimmt.

Lagertemperatur: 12-14 °C
Luftfeuchtigkeit: 65-75 %
Lagerdauer: maximal 14 Tage

Bruttechnik

Bei der Bruttechnik unterscheidet man zwischen der natürlichen und der künstlichen Brut. Voraussetzung für die natürliche Brut ist eine brütige Henne, auch Glucke genannt, die bereit ist etwa drei Wochen lang nahezu ausschließlich auf einem Nest und den darin befindlichen Eiern zu verbringen. Die künstliche Brut in einem Brutapparat macht uns zwar nicht von Henne und Hahn, aber von einer Glucke unabhängig und wir können je nach Größe des Geräts eine deutlich größere Anzahl an Eiern ausbrüten lassen.

An so einem lauschigen Plätzchen kann die Glucke ungestört ihrem Brutgeschäft nachgehen.

Das Schieren

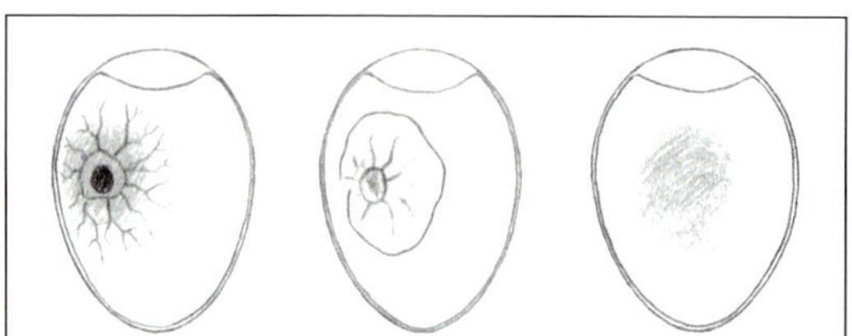

Schierbilder.

Das in der Fachsprache als "Schieren" bezeichnete Durchleuchten der Eier wird mit einer im Fachhandel erhältlichen Schierlampe durchgeführt. Man schiert normalerweise während der insgesamt 21 Tage dauernden Brutaktion zweimal (am 7. und 17. Bruttag), um den Entwicklungsstand der Bruteier zu kontrollieren und eventuell unbefruchtete oder abgestorbene Eier auszusortieren.

→ Das Leuchtbild eines **unbefruchteten** Eies bleibt klar und durchsichtig, das dunklere Dotter ist deutlich umgrenzt.

→ **Befruchtete und normal entwickelte Eier** erkennt man bereits im frühen Stadium an der so genannten Blutspinne (Blutgefäße) und dem schwarzen Fleck (Keim) in der Mitte. Ein normal entwickelter Embryo hat eine rötliche Farbe.

→ Ein **befruchtetes, aber abgestorbenes Ei** ist schwerer zu identifizieren. Ein roter Ring, der so genannte Blutring, um einen verschwommenen Keim kann ein deutliches Zeichen sein. Ein abgestorbener Embryo erscheint von der Farbe her grauschwarz und matt.

Fragen und Antworten zur natürlichen Brut

→ **Wie stellt man fest, ob eine Henne "gluckt"?** Eine brütige oder "glucksche" Henne erkennt man an ihrem auffallenden Benehmen. Sie sondert sich von der übrigen Herde immer mehr ab, sträubt häufig

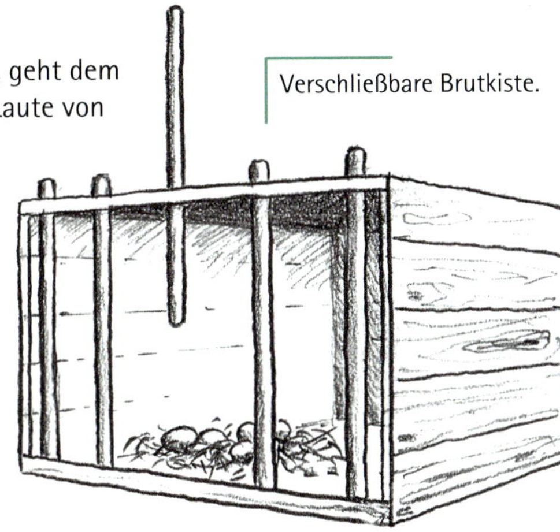

Verschließbare Brutkiste.

das Gefieder, läuft hastig und unruhig hin und her, geht dem Hahn deutlich aus dem Weg und gibt glucksende Laute von sich.

→ **Welcher Zusammenhang besteht zwischen Bruttrieb und Jahreszeit?** Etwa in den Monaten April und Mai kann man damit rechnen, dass Hennen brütig werden. Witterungsbedingte Schwankungen von Jahr zu Jahr sind selbstverständlich möglich.

→ **Gibt es bestimmte Rassen, die für die natürliche Brut besonders geeignet sind?** Bei unseren modernen Wirtschaftsrassen wurde der Bruttrieb weitgehend weggezüchtet, um die Eierproduktion nicht zu unterbrechen. Dagegen gibt es bei den meisten Zwiehuhnrassen und alten Landrassen keinerlei Probleme.

Einfaches Brutnest.

→ **Mit welchen Maßnahmen könnte man den Bruttrieb fördern?** Eine natürliche Haltungsweise, das heißt viel Auslauf mit frischem Grünfutter ist auf jeden Fall die wichtigste Voraussetzung dafür eine Henne zum Brüten zu bewegen. Darüber hinaus könnte man noch ein ruhiges, im Halbdunkel des Stalls gelegenes Nest mit einigen Porzellaneiern anbieten.

→ **Wie sollte das Nest beschaffen sein?** Eine Glucke baut sich, wenn überhaupt, nur ein einfaches Nest. Das heißt, sie wird sich eine geschützte, weich gepolsterte Stelle suchen, durch Hin- und Herrutschen eine flache Mulde formen und dann ihre Eier hineinlegen. Ebenso gern nimmt die Glucke auch ein fertiges Nest an, wobei bereits eine flache, mit Stroh ausgepolsterte Holzkiste oder ein mit Ziegelsteinen umrahmtes weiches Plätzchen durchaus Gefallen findet und völlig ausreicht.

→ **Was muss während der Brut beachtet werden?** Hat die Henne einmal mit ihrem Brutgeschäft begonnen, kann man ihr getrost alle weitere Arbeit überlassen. Ausreichend Futter und frisches Wasser sollten ihr allerdings in der Nähe des Nestes ständig zur Verfügung stehen. Einmal am Tag, meist um dieselbe Zeit, wird sie ihr Nest verlassen, um sich kurz die Beine zu vertreten, zu fressen, zu trinken und abzukoten. Während dieser Zeit sollen die Eier ruhig etwas abkühlen. Die werdenden Küken profitieren außerdem von der täglichen Portion Frischluft.

→ **Was passiert mit den unbefruchteten Eiern im Gelege?** Die Angst, dass unbefruchtete Eier während der Brutzeit faulen könnten, ist unbegründet, denn sie bleiben bis zum letzten Tag klar. Trotzdem kann man sich eine Woche nach Brutbeginn mit Hilfe einer Schierlampe vom Entwicklungsstand der Eier überzeugen und erkennbar unbefruchtete Eier aussondern.

Fragen und Antworten zur künstlichen Brut

→ **Woher bekommt man einen Brutapparat?** Im Fachhandel kann man heute Brutapparate in jeder Größe, jeder Ausführung und für jeden Geldbeutel kaufen. Häufig sind sie sogar mit einem Sichtfenster ausgestattet, sodass vor allem der Schlupf sehr gut zu beobachten ist. Die Handhabung ist meistens so einfach, dass jeder Laie die Geräte leicht bedienen kann.

→ **Kann man sich einen Brutapparat selbst bauen?** Mit etwas handwerklichem Geschick kann man sich auch selbst einen Brutapparat anfertigen. Er besteht im Wesentlichen aus einem Gehäuse, das mit elektrischem Strom erwärmt und mittels Regler auf konstanter Temperatur gehalten wird. Außerdem muss die Zufuhr von genügend Sauerstoff und eine entsprechende Luftfeuchtigkeit gewährleistet sein.

→ **Kann man die künstliche Brut zu jeder Jahreszeit durchführen?** Die künstliche Brut macht einen nicht nur von der Glucke, sondern auch von der Jahreszeit völlig unabhängig. Einzige Voraussetzung sind befruchtete Eier. Allerdings gibt es deutliche Unterschiede zwischen Frohwüchsigkeit, Gewicht, und Widerstandskraft bei Tieren aus Früh- oder Spätbruten. Das Futterangebot der Weide, die Witterung und auch die Lichtdauer (Tageslänge!) sind wohl zu einem späteren Zeitpunkt nicht mehr optimal für das Kükenwachstum.

→ **Wie arbeitsaufwändig ist die künstliche Brut?** Je nach Ausführung des Brutapparats stellt sich der tägliche Arbeitsaufwand unterschiedlich dar. Bei besonders komfortablen Geräten wird es genügen, täglich die Werte zu kontrollieren, um Funktionsstörungen schnellstmöglich beheben zu können. Bei einfacheren Modellen gehören Lüften, Wenden der Eier oder Wassernachfüllen zu den täglichen Arbeiten.

Wichtige Daten zur künstlichen Brut

Bruttemperatur	1.-17. Tag	37,8-38 °C
	18.-21. Tag	37 °C
Luftfeuchtigkeit	1.-19. Tag	55-60 %
	20.-21. Tag	80-90 %
Wenden	1.-17. Tag	3- bis 4-mal täglich
Schieren	7. + 17. Tag	

Offene Wassergefäße werden von den Tieren schnell verschmutzt und müssen oft gereinigt werden.

→ **Müssen alle Eier gleichzeitig in den Brutapparat gelegt werden?** Die Eier können in beliebiger Anzahl und Reihenfolge in den Brutapparat gelegt werden. Zur besseren Kontrolle sollte mit Bleistift das Einlege- beziehungsweise Schlupfdatum auf den Eiern notiert werden.

Das Wenden

Bei der Naturbrut gehört das Hin- und Herrollen der Eier zu den auffälligsten Beschäftigungen der Glucke. Immer wieder kann man beobachten, wie sie mit äußerster Vorsicht und Geschicklichkeit die Lage der Eier mit ihrem Schnabel verändert. Auch bei der künstlichen Brut müssen die Bruteier mehrmals täglich gewendet werden, damit der Embryo beweglich bleibt und nicht an der Schale festklebt. Bei manchen komfortableren Apparaten geschieht dies automatisch, ansonsten müssen Sie dies von Hand übernehmen. Ungefähr drei- bis viermal täglich sollten Sie in diesem Fall die Eier vorsichtig um 1/3 bis 1/4 ihrer Längsachse drehen. Es ist ratsam, die Eier mit einem Bleistift entsprechend zu kennzeichnen.

Schlupf

Immer wieder wird mit großer Spannung der Tag erwartet, an dem die Küken schlüpfen. Bereits zwischen dem 16. und 17. Bruttag durchbricht der Embryo den geschlossenen Kreislauf im Ei. Sein Schnabel schiebt sich in die Luftblase und die Lungenatmung kann beginnen. Jetzt ent-

Nach 21 Tagen pickt das Küken die Eischale an. Nun dauert es noch einige Stunden bis es schlüpft.

wickelt sich bei der Naturbrut auch die Mutter-Kind-Beziehung. Zwei Tage vor dem Schlupf beginnt die erste Verständigung zwischen Küken und Glucke, wobei sich die Küken den speziellen Gluckton ihrer Glucke einprägen und ihr mit entsprechenden Piep-Lauten antworten.

Bei der natürlichen Brut spielt sich der gesamte Schlupfvorgang im Verborgenen unter der Glucke ab und man kann leider nicht beobachten, welche Schwerstarbeit die kleinen Küken leisten müssen, um sich von der Eischale zu befreien. Bei der künstlichen Brut jedoch kann man über Stunden und manchmal Tage genauestens miterleben, wie diese Befreiungsaktion Stück für Stück vonstatten geht. Mit Hilfe des "Eizahns", einem im letzten Drittel der Brutzeit auf dem Schnabel gewachsenen Hornhöcker, beginnt das Küken die Eischale durch kräftige "Kopfarbeit" von innen aufzubrechen. Gleichzeitig stemmt es seine Beine in die entgegengesetzte Richtung. Ungeduldig muss man sich bei seinen Beobachtungen mit oft stundenlangen Pausen abfinden, die das Küken braucht, um zwischendurch auszuruhen und neue Kräfte zu sammeln. Ist der Kampf schließlich gewonnen, was durchaus erst nach vielen Stunden der Fall sein kann, sehen die Tierchen anfangs ziemlich erschöpft, nass, verklebt und recht unproportioniert aus. Dies ändert sich jedoch schnell und endlich kann man die kleinen Federbällchen zum ersten Mal in die Hand nehmen.

Fragen und Antworten zum Schlupf

→ **Kann man den Küken beim Schlüpfen helfen?** Küken, die aus eigener Kraft den Schlupf nicht schaffen, sind meist nicht lebensfähig. Gut gemeinte Hilfe kann gefährlich werden, da man bei dem Versuch die Tiere zu befreien, leicht Blutgefäße verletzen kann.

→ **Wann dürfen die frisch geschlüpften Küken aus dem Brutapparat genommen werden?** Erst, wenn die Küken sich vollkommen vom Schlupfstress erholt haben, ganz abgetrocknet sind und flauschig aussehen, dürfen sie vorsichtig aus dem Brutapparat gehoben werden. Allerdings müssen sie dann sofort unter eine wärmende Rotlichtlampe.

→ **Welche Folgen haben Temperaturschwankungen im Brutapparat?** Größere Abweichungen von der vorgeschriebenen Bruttemperatur wirken sich natürlich negativ auf den Schlupferfolg aus. Geringe Schwankungen (+/- 0,5 °C) werden unserer Erfahrung nach dagegen gut verkraftet und resultieren höchstens in einem leicht verfrühten beziehungsweise verspäteten Schlupfzeitpunkt.

→ **Wie wirken sich Schwankungen der Luftfeuchtigkeit im Brutapparat aus?** Auch hier gilt, dass es sich bei den angegebenen Werten um Idealwerte handelt und geringe Schwankungen meist ohne Folgen bleiben. In den letzten Bruttagen sollte man jedoch verstärkt auf eine hohe Luftfeuchtigkeit achten, da die Küken beim Schlupf relativ schnell austrocknen und dann stecken bleiben.

→ **Müssen Küken sofort nach dem Schlupf gefüttert und getränkt werden?** Während der ersten zwei Lebenstage ist eine Fütterung nicht erforderlich, da die Küken kurz vor dem Schlupf den Dottersack in sich aufnehmen und somit einen Nahrungsvorrat haben. Frisches Wasser sollte ihnen allerdings von Anfang an zur Verfügung stehen.

→ **Kann man einer Glucke fremde Küken untersetzen?** Ist der Schlupf nicht so gut ausgefallen wie erhofft, können der Glucke ein oder zwei Tage danach noch fremde, gleichaltrige Küken problemlos (am besten abends) untergesetzt werden.

Aufzucht

Die Aufzucht von natürlich und künstlich erbrüteten Küken ist unterschiedlich. Während Sie die Gestaltung der unmittelbaren Bedürfnisse der kleinen Federbällchen wie die notwendige Wärme und Luftfeuch-

Die Glucke weiß genau, was ihren Küken gut bekommt.

tigkeit bei der natürlichen Aufzucht getrost der Glucke überlassen können, müssen Sie bei der Nachzucht aus dem Brutapparat ein weiteres Mal die natürliche Umwelt "künstlich" nachempfinden.

Natürliche Aufzucht

Der Glucke mit ihren Küken sollte man in den ersten Tagen ein möglichst von den übrigen Hühnern getrenntes Stallabteil zur Verfügung stellen, da es sein kann, dass die Küken von anderen Hennen oder gar vom Hahn angegriffen werden Es sollte hell, zugfrei und trocken sein und etwa 18 bis 20 °C Raumtemperatur haben. Das erforderliche Mikroklima von 32 °C mit 60 bis 70 % Luftfeuchte produziert die Glucke selbst unter ihrem Federkleid. Diesen schützenden Ort verlassen die Kleinen in den ersten drei bis vier Lebenstagen nur selten, sodass Sie zur Kontrolle, ob alle Tierchen auch wirklich geschlüpft sind, die Glucke vorsichtig für kurze Zeit vom Nest nehmen sollten. Bei dieser Gelegenheit können Sie auch

Einige wichtige Zahlen	
Raumbedarf	10-12 Küken pro m^2
Temperatur im Raum	18-20 °C
Temperatur unter der Heizquelle	30-32 °C
Luftfeuchtigkeit	60-70 %
Aufzuchtverluste	15-20 %

die übrigen Eierschalen und nicht ausgebrüteten Eier entfernen, damit die "Neugeborenen" genügend Platz und ein sauberes Nest haben. Vor Ablauf der ersten Woche und generell bei regnerischem Wetter dürfen Sie die Glucke nicht ins Freie lassen, da die Hühnerküken in den ersten Lebenstagen noch sehr wärmebedürftig sind und vor allem nicht nass werden dürfen. Außerdem ist es vorteilhaft, wenn die Außentemperatur bei den ersten Ausflügen ins Freie mindestens Stalltemperatur, also 18 °C und darüber hat. Allerdings wird die Glucke immer Garant dafür sein, dass die Küken auch kurzzeitige, unvorhergesehene Temperaturschwankungen unter dem schützenden Gefieder schadlos überstehen und dass im Übrigen ihre zarte Brut vehement gegen vermeintliche und tatsächliche Angreifer beschützt wird. Sollte ein Unglück geschehen und die Glucke dauerhaft ausfallen, kann man die kleinen Küken selbst aufziehen oder – so vorhanden – einer anderen Glucke anvertrauen. Dabei muss es nicht in jedem Fall eine Hühnerglucke sein; Puten sind zum Beispiel hervorragende Brüterinnen und sehr besorgte Mütter, die eine große Zahl Küken zuverlässig führen können. Küken im Alter von zweieinhalb bis drei Wochen akzeptieren allerdings keine andere Glucke mehr, sodass in diesem Fall nur noch eine "künstliche" Aufzucht, das heißt eine Aufzucht ohne Glucke, möglich ist.

Als erste Nahrung bietet man den kleinen Hühnervögeln auf kleinen Futterbrettchen oder in flachen Schälchen spezielles Kükenfutter (Pressfutter oder Kükenmehl) und dazu fein gehacktes gekochtes Ei und gelegentlich fein geschnittenes Grünzeug aus Löwenzahn und Brennnesseln. Wichtig ist, dass man immer nur kleine Mengen mehrmals am Tag füttert und immer nur so viel, wie die Tiere in kurzer Zeit verzehren können. Anderenfalls würden Futterreste übrig bleiben, die verschimmeln und zu Krankheiten führen können. Dies gilt ganz besonders, wenn man etwa ab der zweiten Woche noch anderes Weichfutter oder selbst zusammengestellte Weichfuttermischungen mit beispielsweise Magerquark verfüttern will. Vor allem sind auch die Futterbehältnisse peinlich sauber zu halten, damit die Reste nicht säuern und Durchfall verursachen. In den ersten zwei bis drei Tagen werden die Tierchen noch recht wenig fressen, da sie noch genügend Nahrung vom Dottersack bekommen, den sie vor dem Schlupf als Überlebensration in sich aufgenommen haben. Trotzdem sollten Sie von Anfang an Nahrung und vor allem Wasser bereitstellen, damit die kleinen Küken rasch lernen, sich selbst zu bedienen.

Es ist immer wieder ein Erlebnis zu beobachten, wie die Glucke die noch unerfahrenen Küken durch Locklaute, Pickbewegungen und Präsentieren von kleinen Futterbrocken auf die verschiedenen Leckerbissen hinweist. Und die Kleinen lernen schnell, genießbar von ungenießbar zu unterscheiden.

Bei warmem, sonnigem Wetter ist ein Picknick im Freien einfach herrlich.

Futterbedarf vom Küken bis zur Henne bei handelsüblichem Aufzuchtfutter

Durchschnittlicher täglicher Futterbedarf	
1.-4. Woche	10–30 g
4.-8. Woche	30–55 g
8.-12. Woche	55–75 g
12.-16. Woche	75–90 g
16.-20. Woche	90–100 g
ab 20. Woche	100–120 g

Die richtige Wärme

Unter der Wärmequelle muss die Temperatur etwa 4 cm über dem Boden

- 32° C während der 1. Woche,
- 30° C während der 2. Woche,
- 28° C während der 3. Woche,
- 25° C während der 4. Woche und
- 22° C während der folgenden Wochen betragen.

Künstliche Aufzucht

Bei der künstlichen Aufzucht besteht die "Kunst" des Hühnerhalters darin, die Glucke als Regulator des für die Küken überlebensnotwendigen Mikroklimas durch ein technisches Gerät zu ersetzen, das heißt im Wesentlichen die erforderliche konstante Wärme und Luftfeuchtigkeit künstlich zu erzeugen und zu regeln. Die dafür notwendigen elektrisch betriebenen Geräte wie Infrarotstrahler und Heizstrahler werden im Landhandel angeboten. Sie sind leicht bedienbar und sehr zuverlässig. In der Regel werden die Geräte in einer bestimmten vorgeschriebenen Höhe über der Einstreu an der Decke des Stalls aufgehängt und verbreiten so einen wohligen Wärmekegel, unter dem sich die Hühnerküken gerne aufhalten.

Ob Sie die Lampe in der richtigen Höhe aufgehängt haben, können Sie leicht erkennen, wenn Sie die Küken genau beobachten. Bei der richtigen Einstellung werden sie sich in einem lockeren Verband unter der Wärmequelle bewegen. Ist es ihnen zu kalt, drängen sie sich unter der Lampe dicht zusammen. Ist es zu warm, weichen sie an den Rand des Wärmekegels aus.

Um die notwendige Temperatur von 32 °C im unmittelbaren Umfeld der Küken im Stall halten zu können, empfiehlt es sich, das Aufzuchtareal durch so genannte Kükenringe abzugrenzen. Das ist im einfachsten Fall eine etwa 50 bis 70 Zentimeter hohe Pappkartonbahn, die man in einem großen Bogen kreisförmig zusammensetzt. Dadurch werden Zugluft und unnötiger Wärmeverlust in Bodennähe vermieden, außerdem können die Küken sich nicht verlaufen. Als Orientierungszahl für die Besatzdichte bei Großhühnern rechnet man mit 10 bis 15 Küken pro Quadratmeter.

Einige Faustregeln für die künstliche Aufzucht

- Für die künstliche Aufzucht gleichermaßen geeignet sind Küken aus dem Brutapparat, zugekaufte Küken oder verwaiste Kükenkinder einer Glucke.
- Die Aufzucht sollte in einem separaten Kükenabteil des Stalls oder in einem gesonderten Raum erfolgen.
- Wichtig ist, dass die angegebenen Temperaturwerte für die verschiedenen Altersabschnitte durch die Wärmequelle sichergestellt sind.
- Zugluft ist unbedingt zu vermeiden.

- → Die Umgebungstemperatur im Stall sollte möglichst konstant gehalten werden.
- → Das Futter können Sie in den ersten Lebenstagen mehrmals auf entsprechenden Futterbrettchen verabreichen.
- → Die Gefäße für Futter und Wasser sind jeweils sehr sorgfältig zu reinigen.
- → Die Einstreu sollte trocken und staubfrei sein. Am besten eignen sich feine Hobelspäne oder kurz gehäckseltes beziehungsweise "gemahlenes" Stroh. Insbesondere sollte man darauf achten, dass um die Tränkgefäße keine feuchten Stellen verbleiben. Lieber öfter nachstreuen oder einige Handvoll Einstreu auswechseln, um es den Krankheitserregern schwer zu machen, die sich im feuchtwarmen Mikroklima schnell wohl fühlen.
- → Auslauf sollte möglichst erst nach dem achten Lebenstag und nur bei schönem Wetter erfolgen.

Für die Fütterung der Küken gilt im Grunde die gleiche Empfehlung wie bei der natürlichen Aufzucht. Nur müssen die Kleinen lernen, ohne die Hilfe der Glucke zurechtzukommen. Doch keine Angst, sie lernen schnell. Wichtig ist, dass sie in den ersten zwei Tagen Wasser finden. Im Bedarfsfall müssen Sie ihnen diesen Lebensquell mit etwas Nachdruck zeigen, indem Sie sie mehrmals kurz mit den Schnäbelchen in das erfrischende Nass tauchen.

Etwa eine Woche nach dem Schlüpfen können Sie die Küken auch ohne eine schützende Glucke ins Freie lassen, wenn die Außentemperaturen es erlauben. Doch Vorsicht, es sollte nicht windig sein und der Boden oder das Gras muss trocken sein, da den Tieren sonst ohne die wärmenden Daunen der Glucke Unterkühlung droht. Außerdem sollte das Areal, in dem sich die Küken aufhalten, unbedingt vor möglichen Feinden, vor allem frei laufenden Katzen und Hunden sowie Greifvögeln und Füchsen gesichert sein. Bewährt hat sich hier ein rundum verdrahtetes mobiles Kükenheim mit warmem, eingestreutem Unterschlupf, das man bei Bedarf auf der kurz geschnittenen Weide einfach versetzen kann.

Besondere Ansprüche in den drei Kükenperioden

Flaumperiode	1.-3. Lebenswoche	Wärme, eiweißreiches Futter
Befiederungsperiode	3.-6. Lebenswoche	Wärme, Bewegung, Licht, phosphor- und kalkhaltiges Futter
Wachstumsperiode	6.-8. Lebenswoche	Licht, Luft, Bewegung, energiereiches Futter

Verschiedene Ansichten eines mobilen Kükenheims.

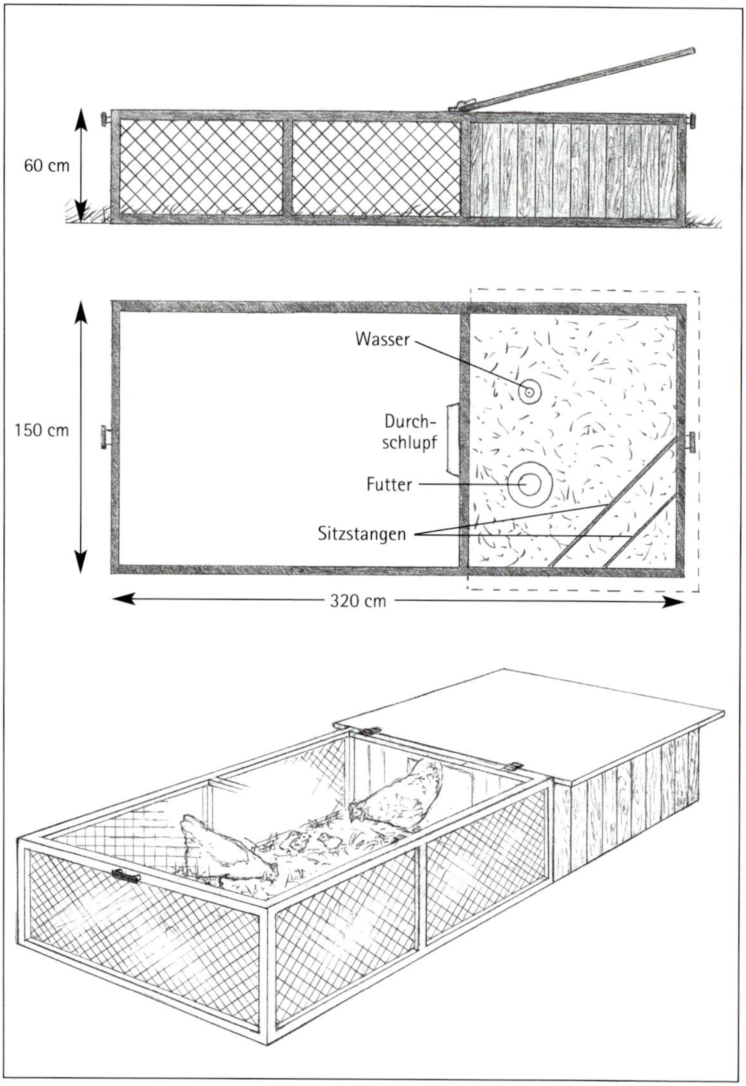

Von der ersten bis zur achten Lebenswoche spricht man vom Küken, danach von Junghenne beziehungsweise von Junghahn. Die Kükenzeit unterteilt man in drei verschiedene Perioden, in denen die Küken unterschiedliche Ansprüche haben.

Bei der natürlichen Aufzucht mit einer Glucke beginnen die ersten Auflösungserscheinungen der Familie etwa ab der fünften Lebenswoche. Bei der künstlichen Aufzucht werden in diesem Alter die Geschlechter bereits unter wirtschaftlichen Gesichtspunkten getrennt und separat aufgezogen.

Viel frische Luft und Bewegung fördern das Wachstum und die Fitness junger Hühnervögel.

Junghähne und Junghennen

Die **Junghähne** sind naturgemäß willkommene Lieferanten von schmackhaftem Fleisch. Ihre Lebenserwartung ist dadurch im Vergleich zu den Junghennen erheblich begrenzt. Während die Supermarkthähnchen bereits in fünf bis sechs Wochen nach intensiver Mast schlachtreif sind, sollten Sie sich bei der extensiven Hühnerhaltung mehr als doppelt so viel Zeit lassen, zumal Sie in der Regel keine speziellen schnell wachsenden Mastrassen haben. So ein junger Masthahn darf dann ruhig 2 bis 2,5 Kilogramm wiegen und etwas Fett angesetzt haben. Durch die Bewegung im Auslauf und den langsameren Wachstumsprozess wird er allemal einen reichlichen, wohlschmeckenden Braten mit festem Fleisch liefern.

Bei den **Junghennen** sollten Sie besondere Sorgfalt hinsichtlich Fütterung, Unterkunft und Auslauf walten lassen. Schließlich sollen sie einen guten Eierertrag und auch eine gesunde Nachzucht liefern. In der Phase bis zum ersten Ei mit 18 bis 20 Wochen sollte man ihnen viel Bewegung an Luft und Sonne bieten, einen hygienisch einwandfreien Stall und gutes Futter. Die "jungen Damen" sollte man nicht "mästen", sonst werden sie nur fett und faul. Sie sollten immer ein bisschen "hungrig" sein und in ihrem schönen Auslauf selbst auf Futtersuche gehen, damit sie fleißige Selbstversorger werden. Dazu muss man sie nämlich erziehen. Gleichzeitig sollte man seine Nachzucht sehr genau beobachten und zum Beispiel sehr aggressive Tiere, die sich bereits im jugendlichen Alter am Federkleid ihrer Artgenossen ungebührlich zu schaffen machen (siehe Kapitel "Federpicken"), baldmöglichst aus dem Verkehr ziehen. Gleiches gilt für Tiere, die Fehler im Körperbau zeigen oder aus irgendeinem Grund kümmern. Nur eine konsequente Auslese bei den jungen Hennen ist langfristig der Garant für einen attraktiven Zuchtstamm und eine gesunde, widerstandsfähige Hühnerherde.

Rhodeländer

Diese Rasse stammt ursprünglich aus den USA und hat als ausgeprägtes Wirtschaftsgeflügel rasch ihren Siegeszug um die Welt angetreten. Mit ihrem mahagonifarbenen, glänzenden Gefieder und ihrem rechteckigen Körperbau wirken die Rhodeländer äußerlich wie sie sind, nämlich sehr robust und wetterhart. Darüber hinaus verfügen sie über eine hervorragende Legeleistung. Die Küken sind frohwüchsig und vital sowie gut mastfähig. Wegen ihres ausgeprägten Temperaments und ihrer Beweglichkeit im Gelände ist ein stabiler Zaun um den Auslauf sehr wichtig. Andererseits sind sie sehr gute Futtersucher und -verwerter, was einem bei einem weitläufigen Auslauf einiges an Futterkosten sparen dürfte. Die Hähne sind zum Teil sehr wehrhaft.

Zwiehuhn	♂	♀
Gewicht	4,0 kg	3,0 kg

Sussex

Bei den Sussex handelt es sich um eine alte, in England entstandene Rasse, die ursprünglich auf Fleischleistung gezüchtet war, heute jedoch eine sehr gute Legeleistung aufweist. Typisch ist die waagerechte Rückenlinie und der kastenförmige Rumpf. Auf den Geflügelausstellungen trifft man verschiedene Farbschläge dieser Rasse. Hervorzuheben ist besonders die Wetterhärte und Robustheit dieses wohlproportionierten Huhns. Die Rasse ist daher für die Freilandhaltung hervorragend geeignet. Die Küken sind frohwüchsig und dankbare Futterverwerter. Gelobt wird auch die gute Qualität des Fleisches und die reichliche Fleischausbeute.

Legehuhn	♂	♀
Gewicht	4 kg	3 kg

Sundheimer

Dieses Huhn muss man zu den deutschen Kulturrassen zählen. Als echte Zwiehuhnrasse vereinigt es eine ganze Reihe positiver Eigenschaften in sich und ist damit für den Hobbyhalter eine besonders gute Wahl. Da es diese Rasse nur in einer hellen Farbvariante gibt, ist sie als Schauhuhn nicht sehr verbreitet, obwohl sie eine ansprechende Erscheinung besitzt. Der Ursprung dieses typischen Landhuhns ist im Badischen bei Kehl am Rhein zu suchen. Zuchtziel war ein Tier, das vor allem für Mastzwecke geeignet war. Die Fleischfülle ist dementsprechend gut ausgeprägt und das Fleisch von hoher Qualität. Die Legeleistung ist sehr gut, die Küken sind frohwüchsig und frühreif. Besonderer Vorteil: Auch im Winter legen Sundheimer fleißig Eier.

Zwiehuhn	♂	♀
Gewicht	3,5 kg	2,5 kg

Gesund oder krank?

Rechte Seite:
Klares Auge, leuchtend roter Kamm und Kehllappen, kräftiger Schnabel und glänzendes Gefieder zeugen von der guten Konstitution und Gesundheit dieses Prachtexemplars.

Die Gesunderhaltung unserer Tiere ist aktiver Tierschutz. Außerdem legen kranke Hühner keine Eier und zeigen ein unbefriedigendes Wachstum. Kranke Tiere machen keine Freude.

Gesundheitsvorsorge

Voraussetzung für eine wirksame Gesundheitsvorsorge sind widerstandsfähige Tiere. Außerdem sollten Krankheitskeime möglichst schlechte Lebensbedingungen und Ausbreitungsmöglichkeiten vorfinden. Die besten Vorsorgemaßnahmen sind:

- ➔ ausgewogene und artgemäße Fütterung,
- ➔ sauberes, immer verfügbares Wasser,
- ➔ regelmäßige Tierkontrolle,
- ➔ häufige Reinigung der Futtergefäße, bei Weichfütterung möglichst täglich,
- ➔ saubere Tränken,
- ➔ lockere, staubfreie Einstreu,
- ➔ regelmäßige Reinigung und Desinfektion des gesamten Stalls und der Stalleinrichtung,
- ➔ Vermeidung von Zugluft,
- ➔ heller und luftiger Stall,
- ➔ Anbieten eines Sandbades sowie
- ➔ Durchführung der vorgeschriebenen Impfungen.

Hühner sind recht pflegeleicht, wenn man die vorgenannten Grundsätze sorgsam beachtet. Man muss bei ihnen keine Klauen schneiden, sie nicht bürsten oder sonstwie aufwändig behandeln. Das verführt dazu, dass man sie immer nur von Weitem betrachtet. Man sollte sich daher angewöhnen, die Tiere hin und wieder in die Hand zu nehmen und sie aufmerksam zu untersuchen. Nur so kann man beispielsweise vom Federkleid verdeckte Mängel erkennen und rechtzeitig behandeln.

Denken Sie rechtzeitig an eine separate Unterbringungsmöglichkeit für kranke, verletzte oder neuzugekaufte Tiere, um ihre Heilung getrennt von der Herde zu beschleunigen bzw. zu ermöglichen oder um die gesunden Tiere vor einer Ansteckung zu schützen.

So sollte ein gesunder Hahn aussehen.

Merkmale eines gesunden Huhns	
Kamm/Kehllappen	hellrot, gut durchblutet
Auge	hell, klar, aufmerksam
Schnabel	kräftig, ohne Ausfluss
Rachenschleimhaut	hellrot
Gefieder	glatt, glänzend, vollständig
Flügel	anliegend, geschlossen
Ständer	gerade, ohne Belag
Kloake	feucht, rosa
Kot	regelmäßig, nicht wässrig
Atmung	kaum wahrnehmbar, ohne Röcheln

Symptome erkennen

Wenn Sie durch Krankheiten oder Parasitenbefall verursachte Veränderungen erkennen wollen, müssen Sie zunächst wissen, wie ein gesundes Huhn aussieht und sich verhält.

Ein gesundes Huhn ist aufmerksam, ständig auf Futtersuche, hat einen gesegneten Appetit, pickt und scharrt mit Freude und pflegt ausgiebig sein Gefieder. Ein krankes Huhn lässt im sprichwörtlichen Sinne die Flügel hängen, isst ohne Appetit, wirkt teilnahmslos und zieht sich schließlich von seinen Artgenossen zurück.

Krankheiten und ihre Behandlung

Verursacher von Krankheiten können Viren, Bakterien, Pilze, Parasiten und Verletzungen sein. Um verschiedene Krankheiten beim Wirtschaftsgeflügel zu verhindern, werden prophylaktisch Impfprogramme durchgeführt. Eine solche Maßnahme ist für kleine oder Kleinstbestände nicht in jedem Fall erforderlich, doch gibt es auch für den Halter einer kleinen Hühnerherde seuchenhygienische Vorschriften, die zu beachten sind.

Anzeigepflichtige Seuchen

- ➔ Geflügelpest, Vogelgrippe (Virus, Seite 77)
- ➔ Geflügelcholera (Bakterium)
- ➔ Newcastle Krankheit (Virus)

Diese Seuchen sind nach Auftreten unverzüglich beim zuständigen Veterinäramt anzuzeigen. Darüber hinaus ist die Impfung gegen die Newcastle Krankheit inzwischen auch bei Kleinstbeständen vorgeschrieben. Die meisten Impfungen erfolgen über das Trinkwasser nach einem bestimmten System. Bei kleinen Beständen empfiehlt sich eine Verabreichung des mit

Die wichtigsten Krankheiten im Überblick

Krankheit	Ursache	Symptome	Behandlung
Marek'sche Krankheit (MD)	Hühner-Herpesvirus	Lähmungen der Beine, Hockstellung	nicht möglich, nur vorbeugende Impfung
Newcastle Krankheit (ND/atypische Geflügelpest)	ND-Virus	Atembeschwerden, grünflüssiger Durchfall, Fließeier	nicht möglich, vorbeugende Impfung ist Pflicht
Infektiöse Bronchitis (IB)	IB-Virus	Atemnot, Röcheln, Nasenausfluss, struppiges Gefieder	Heilung nicht möglich, vorbeugende Impfung
Geflügelschnupfen	Bakterien, Mykoplasmen	Nasen- und Augenausfluss, Niesen, piepsende Atmung	mit speziellen Antibiotika, Absonderung der erkrankten Tiere
Geflügelsalmonellosen (u.a. Weiße Kükenruhr)	Salmonellen	Mattigkeit, Durchfall mit weißem Kot, hängende Flügel	Impfung der Elterntiere, vorbeugende Hygiene bei Brut und Aufzucht
Kokzidiose (Rote Kükenruhr)	Darmparasiten, feucht-warmer Stall	mangelnde Fresslust, Wachstumshemmung, blutiger Kot	Kokzidiosemittel, Verbesserung des Stallklimas, Wechseln der Einstreu
Geflügeltuberkulose	TB-Bakterien (speziell im Auslauf)	blasse Kämme und Kehllappen, weniger Eier, schleichendes Siechtum	Heilung nicht möglich, evtl. Merzen des Bestandes, Meiden des Auslaufs über 2-3 Jahre
Aspergillose	Schimmelpilze in Futter und Einstreu	Abmagerung, Durchfall, Mattigkeit, weniger Eier	Wechsel von Futter und Einstreu, Absondern erkrankter Tiere
Rote Vogelmilbe	Blut saugender Parasit	unruhige Tiere	regelmäßige Kontrolle, Einsatz von Insektiziden, Erneuerung des Sandbads
Räudemilben	Parasit	Borken oder rauer Belag an den Ständern (Kalkbeine)	Reinigung der Sitzstangen, Einsatz von Insektiziden, Einweichen der Borke mit Schmierseife o.Ä.
Hühnerflöhe	Blut saugender Parasit	unruhige, geschwächte Tiere, Nachlassen der Legetätigkeit	Einsatz von Insektiziden
Federlinge	Parasit	Zerstörung der Federn	Einsatz von Insektiziden
Bandwürmer	Innenparasit	Schwächung des Allgemeinbefindens	Entwurmung, Schneckenbekämpfung im Auslauf
Haar-/Spulwürmer	Innenparasit	Durchfall, blasse Kämme, schlechtes Gefieder	Entwurmung, Verbesserung der Stall- und Weidehygiene

Vorbeugende Gesundheitsvorsorge ist auch bei einer kleinen Hühnerherde notwendig.

Wasser angesetzten Impfstoffs mittels einer Dosierspritze direkt in den Schlund. Unerfahrene Tierhalter wenden sich am besten in dieser Angelegenheit an den zuständigen Geflügelgesundheitsdienst, den örtlichen Geflügelzuchtverein oder einen versierten Geflügelhalter.

Die meisten der nachfolgend vorgestellten Krankheiten sollten ohnehin von einem Tierarzt diagnostiziert werden. Der beste Schutz vor Krankheiten ist jedoch nach wie vor eine gute Stallhygiene, sauberes Wasser und Futter sowie in gewissen Abständen, vor allem im Winter und Frühjahr, die Gabe eines Vitaminstoßes über das Trinkwasser.

Legenot

Unter Legenot versteht man das Unvermögen der Henne, ein zu groß geratenes, unregelmäßig geformtes oder quer liegendes Ei zu legen. Weitere Ursachen für die Legenot könnten auch die teilweise Lähmung oder Entzündung des Eileiters sein. Die recht qualvolle Legenot ist daran zu erkennen, dass die Henne in ungewöhnlich aufrechter Stellung einen Katzenbuckel macht, die Flügel dabei hängen lässt und zudem stark beunruhigt ist. Manchmal lässt sich durch vorsichtiges Massieren und Kneten der Bauchdecke das Ei aus dem Eileiter herausstreichen. Auch ein Einlauf mit Pflanzenöl oder ein die Eileitertätigkeit anregendes Dampfbad können zum Erfolg führen. Eventuell lässt sich auch durch vorsichtiges Zerstören des Eies die Qual des armen Tiers beenden. Hierbei muss jedoch mit äußerster Vorsicht vorgegangen werden, da der Eileiter auf keinen Fall verletzt

Jeder Hühnerhalter sollte sich Grundkennnisse über die wichtigsten Krankheiten, ihre Ursachen, Symptome und Behandlungsmöglichkeiten erwerben. In ernsteren Fällen sollte man sich jedoch unverzüglich an einen erfahrenen Tierarzt wenden, um die Tiere nicht unnötig zu quälen.

werden darf. Besser ist es wohl in diesem Fall die Behandlung dem Tierarzt zu überlassen.

Verletzungen

Bei blutenden Verletzungen muss das Tier sofort von der übrigen Herde getrennt werden, da der Anblick von Blut die Artgenossen zum Bepicken der Wunde reizt und die Angelegenheit schnell außer Kontrolle geraten kann und nicht selten in Kannibalismus ausartet. Die Wunde muss in jedem Fall vorsichtig gesäubert und gründlich desinfiziert werden. Erst, wenn die Verletzung vollständig abgeheilt ist, darf das Tier wieder in die Herde zurückgebracht werden.

Geflügelpest (Vogelgrippe)

Erreger: Grippevirus Typ A/Subtyp H5N1 ist hochpathogen
Übertragbarkeit: Alle Vogelarten, u. U. auch andere Spezies inkl. Mensch
Behandlung: nicht möglich
Schutzmaßnahmen: Vermeidung von Kontakten mit Wildvögeln aller Art z. B. durch Verzicht auf Freilandhaltung, verstärkte Kontrolle und Hygiene. Meldung an Veterinärbehörde im Verdachtsfall, Tötung infizierter Tierbestände.

Vergiftungen

Wenn die Tiere würgen, sich erbrechen, Durchfall und Krämpfe haben, taumeln, unsicher gehen und benommen sind, kann man eine Vergiftung nicht ausschließen. Die Behandlung der erkrankten Tiere richtet sich jeweils nach der Art des aufgenommenen Giftes. Oft gestaltet sich die Ursachenforschung jedoch recht schwierig. Die Aufnahme von Getreidebeizmittel, Kunstdünger und Ratten- oder Pflanzengiften ist die häufigste Ursache von Vergiftungen.

Was in eine kleine Stallapotheke gehört

- → Ein Multivitaminpräparat zur Behandlung und Vorbeugung von Vitaminmangelerkrankungen,
- → ein Wurmmittel für regelmäßige Wurmkuren,
- → ein Mittel zur Behandlung von Durchfallerkrankungen,
- → ein Desinfektionsmittel zur Behandlung von Verletzungen und Hauterkrankungen,
- → ein Mittel gegen Ektoparasiten (Federlinge, Flöhe, Milben),
- → eine Wund- und Frostheilsalbe,
- → ein Mittel zur Behandlung von Augenentzündungen.

Zwerg-Welsumer

Sowohl die großen Welsumer als auch ihre Zwergform sind bei den Züchtern sehr beliebt, die besonderen Wert auf Eleganz und Wirtschaftlichkeit einer Rasse legen. Der rebhuhnartige Farbschlag ist am weitesten verbreitet. Später kam noch ein orangefarbiger Schlag hinzu. Der Körper dieses schmucken, lebhaften Zwerglandhuhns ist lang gestreckt und ähnelt in der Form einem Rugbyball. Die Befiederung und Färbung des Hahns sieht aus wie bei dem typischen "Italiener". Bekannt sind diese Zwerghühner für ihre gute Legeleistung und für ihre verhältnismäßig großen Eier. So erreicht das Eigewicht einer erwachsenen Zwerghenne mit etwa 50 g das eines großen Huhns, und das mit weit weniger Futteraufwand und Platzbedarf.

Zwiehuhn	♂	♀
Gewicht	1,0 kg	0,9 kg

▲

Westfälische Totleger

Diese Rasse zählt zu den so genannten Sprenkel- oder Möwenhühnern, die schon vor anderthalb Jahrhunderten als Landhühner in den norddeutschen Küstengebieten gehalten wurden. Die Westfälischen Totleger gehören heute zu den rosenkämmigen Landhühnern und werden in silber- und goldfarbigen Varianten gezüchtet. Typisch bei der Henne ist die fast waagerechte, leicht abfallende Rückenlinie und die feingliedrigen Ständer, beim Hahn der schön gesichelte Schwanz. Diese Rasse aus Westfalen eignet sich dank ihrer Lebhaftigkeit und Beweglichkeit sehr gut für eine weitläufige Freilandhaltung. Die Tiere sind ausgesprochen wetterhart und robust, zeigen eine sehr gute Legeleistung und gute Aufzuchtergebnisse mit frohwüchsigen Küken.

Zwiehuhn	♂	♀
Gewicht	2,5 kg	2,0 kg

▼

Zwerg-Wyandotten

Diese Rasse ist nicht nur äußerst beliebt, sondern erfahrungsgemäß auch besonders für die Anfänge einer kleinen Hühnerhaltung sehr gut geeignet. Doch Vorsicht, zunächst besteht die Qual der Wahl aus dem breiten Strauß an Farbschlägen, denn das Angebot ist überreichlich. Wer sich für diese Rasse entscheidet, erblickt vor sich ein Huhn mit schönen geschwungenen Linien und einer üppigen Befiederung. Dazu passt die ausgesprochene Zutraulichkeit der Tiere, die den Umgang vor allem für Kinder und Jugendliche sehr erleichtert. Auch die Nachzucht bereitet selten Probleme. Die Tiere sind fruchtbar, die Küken frohwüchsig und Eier gibt es auch. Wyandotten kommen mit bescheidenen Platzverhältnissen zurecht.

Zwiehuhn	♂	♀
Gewicht	3,5 kg	2,7 kg

Produkte

Rechte Seite:
Und wieder die alte Frage: Was war zuerst da, das Huhn oder das Ei?

Im Gegensatz zu vielen anderen Nutztierarten, die uns nur Fleisch liefern, versorgt uns das Huhn darüber hinaus fast sein ganzes Leben lang regelmäßig mit leckeren Eiern. Insofern ist die Hühnerhaltung nicht nur ein schönes, sondern auch ein lohnendes Hobby, bei dem der Hühnerhalter täglich das Ergebnis seiner Mühe und das seiner Schützlinge "ernten" kann.

Rund ums Ei

Kein Ei ist wie das andere. Eier sind weiß oder braun, groß oder klein, rundlich oder länglich, frisch oder alt. Ihr Eiklar kann fester oder wässriger sein, ihre Schale dicker oder dünner, rauer oder glatter. Trotz dieser Unterschiede kann auch eine Henne ihre eigenen Eier nicht von anderen unterscheiden. Einen beachtlichen Rang nimmt das Ei als Nahrungsmittel ein. Jeder von uns verspeist im Jahresdurchschnitt ungefähr 290 Stück, entweder versteckt in Teigwaren, Süßwaren und Kuchen oder als Frühstückseier, Spiegeleier, Rühreier oder gar in Form von Eierlikör. Aber noch vielseitiger als ihre heutige Verwendung ist die Geschichte der Eier und ihr Gebrauch in früheren Zeiten und fremden Kulturen.

Wussten Sie, dass...

- ... den Toten vorgeschichtlicher Zeit gekochte Eier als Proviant für die Reise ins Jenseits mitgegeben wurden?
- ... in vielen Völkern das Ei bei religiösen Festen als willkommene Opfergabe diente?
- ... Eier in besonderen Hohlräumen mittelalterlicher Stadtmauern einen Festungszauber ausüben sollten?
- ... bis weit über das Mittelalter hinaus die Farbe Rot dominierend blieb für das Osterei?
- ... nach dem Zweiten Weltkrieg das Ei auf dem Schwarzmarkt gleich hinter begehrten Genussmitteln wie der Zigarette gehandelt wurde?

Das Geheimnis der Schalenfarbe

Zwischen Braun und Weiß gibt es Hühnereier in allen denkbaren Farbabstufungen. Jede Hühnerrasse hat ihre eigene Eierschalenfarbe. Araucanas legen sogar Eier mit hellgrüner bis türkisblauer Farbe. Die Schalenfarbe entsteht durch Einlagerung von Pigmenten in die Kalkschale in den letzten Stunden vor der Eiablage.

Einige Zahlen zum Ei

Eigewicht	durchschnittlich 58 g
Dotteranteil	32 %
Eiklaranteil	58 %
Schalenanteil	10 %
Schalendicke	0,2-0,4 mm
Bruchfestigkeit	2,5-4,0 kp
Porenzahl	150 pro cm2
Gefrierpunkt	-2,2 bis -2,8 °C

Aufbau des Hühnereies

Die Schale. Die äußerste Umhüllung des Eies wird von der feinen, glänzenden Schalenoberhaut gebildet. Sie verhindert sowohl das Eindringen von Krankheits- oder Fäulniserregern in das Eiinnere als auch das zu schnelle Austrocknen des Eies.

Die darunter liegende eigentliche Eischale besteht im Wesentlichen aus Kalk, verfügt über eine hohe Festigkeit und gewährleistet dank ihrer etwa 10 000 Poren einen optimalen Gasaustausch zwischen Eiinnerem und Außenwelt. Dicht unter der Kalkschale liegt die Schalenhaut, weiter innen folgt die Schalenmembran. Am stumpfen Pol des Eies bilden Schalenhaut und Schalenmembran die so genannte Luftkammer.

Das Eiklar. Auch das Eiklar besteht aus mehreren, abwechselnd dick- und dünnflüssigen Schichten. Die dem Dotter anliegende dickflüssige Schicht bildet die so genannten Hagelschnüre aus, die an den beiden Eipolen verankert sind und das Dotter in einer schützenden, aber um die Längsachse drehbaren Schwebelage halten.

Das Dotter. Das Dotter, das von einer Dottermembran umgeben ist, besteht aus drei verschiedenen Schichten, die eine unterschiedliche Helligkeit zeigen. Das so genannte Bildungsdotter trägt die Keimscheibe mit dem Keimbläschen und ist so angelegt, dass es sich in jeder Eilage nach oben ausrichtet.

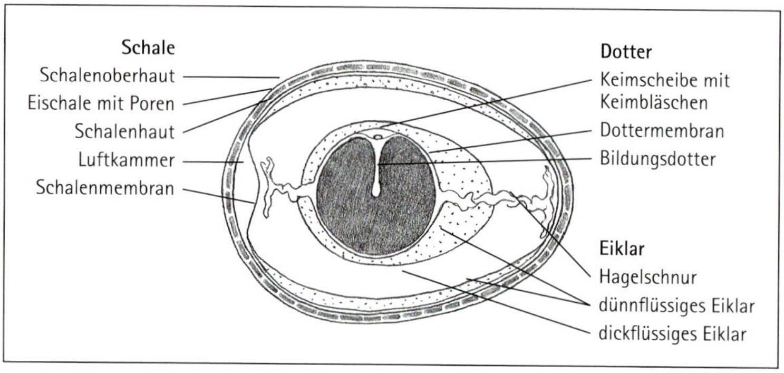

Aufbau des Hühnereies.

Wie ein Ei entsteht

Die weiblichen Geschlechtsorgane sind bei den Hühnern wie bei allen Vögeln nur auf der linken Körperseite ausgebildet. Sie bestehen aus Eierstock, Eileiter, Eihalter und Scheide.

Die einzelnen Schritte bei der Eibildung

Eileiterabschnitt	Länge in cm	Durchschnittliche Verweildauer
Eileitertrichter	8	20 Minuten
Eileiterhauptteil	33	2-3 Stunden
Eileiterenge	9,5	1 $^1/_4$ Stunden
Eihalter (Uterus)	8,5	20-21 Stunden

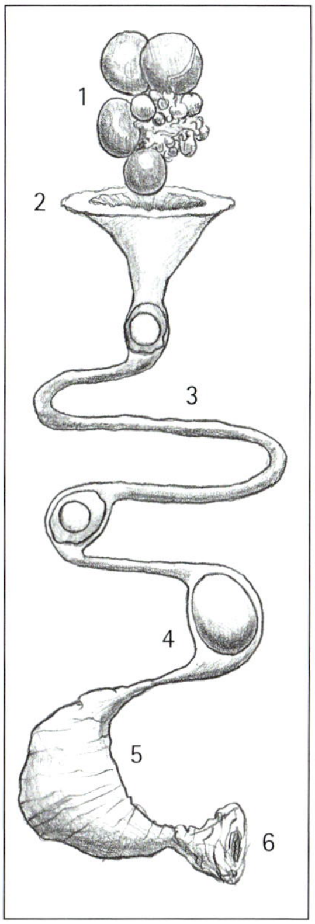

1: Eierstock, 2: Eileitertrichter, 3: Eileiterhauptteil (Eiweißteil), 4: Eileiterenge, 5: Eihalter, 6: Kloake.

Am Eierstock, den man sich ungefähr wie eine Weintraube vorstellen kann, sind eine große Anzahl Eizellen angelegt. Sie bilden kleine Dotterbläschen (Follikel), deren Haut schließlich bei einer bestimmten Größe der Dotterkugel platzt und sie freigibt. Diese gelbe Kugel wird von der trichterförmigen Öffnung des Eileiters aufgefangen. Aus dem Eidotter, das jetzt 24 Stunden lang durch den Eileiter wandert und dabei bearbeitet wird wie an einem "Fließband", entsteht schließlich ein "fix und fertiges" Hühnerei.

Befruchtung

Im Eileiter befinden sich so genannte Samentaschen. Nach der Paarung werden hier die Spermien eingelagert und nach und nach abgegeben. Bis zu 14 Tagen nach erfolgter Besamung bleibt ihre Befruchtungsfähigkeit erhalten. Bereits 15 Minuten nach dem Eisprung kann ein Ei befruchtet sein.

Der obere Teil des Eileiters wird relativ schnell durchlaufen, im anschließenden Teil, dem Magnum, wird die Dotterkugel von der ersten Eiklarschicht umhüllt. Abgesondert wird das Eiklar durch Drüsen der Eileiterwände, wobei sich die Dotterkugel laufend um sich selbst dreht. Nachdem es die Eileiterenge passiert hat, gelangt das Ei in den Eihalter, wo es sich am längsten aufhält und den "letzten Schliff" und seine Schale bekommt. Zottenförmige Drüsen scheiden eine kalkhaltige Masse aus, die das fertige Ei um-

Jeden Tag ein Ei?

Alle 24 bis 36 Stunden platzt im Eierstock einer Henne eine Follikelhaut und gibt eine Dotterkugel frei. Diese Dotterkugel wandert in etwa 24 Stunden durch den Eileiter und wird von der Henne als fertiges Ei gelegt. Diese biologischen Tatsachen zeigen, warum jede Henne trotz erheblicher züchterischer Anstrengungen höchstens ein Ei am Tag legen kann.

Ein kleines Hühner-
paradies.

Abnormität	Aussehen	Ursache
Windeier oder Fließeier	weichschalig oder ganz ohne Kalkschale	Funktionsstörung der Kalkdrüsen im Eihalter oder fehlerhafte Fütterung (zu wenig Kalk)
Spareier	Eier ohne Dotter	nervöse Reizung der Drüsen an den Eileiterwänden
Doppeldotter	normale Eier mit zwei Dotter	zwei zeitgleich geplatzte Follikel werden mit dem gleichen Eiklar umhüllt
Spureier	Eier, die Fremdkörper oder Blutflecken enthalten	durch den Hahnentritt in den Eileiter gelangte Fremdkörper oder geplatzte Blutäderchen
Ei im Ei	Eier, die in ihrem Inneren ein bereits fertiges Ei tragen	physiologische Störungen im Eileiter
Bauch- oder Schichteier	eiförmige Gebilde, die aus zahlreichen übereinander liegenden Schichten bestehen	Dotterkugel fällt statt in den Trichter in die Bauchhöhle, evtl. Entzündungsprozesse im Eileiter

Nährwert des Hühnereies

Was ein Hühnerei (ca. 60 g) enthält	
Proteine (Eiweiß)	6,81 g
Fett	5,91 g
Kohlenhydrate	0,37 g
Mineralstoffe	
Natrium	76,03 mg
Kalzium	29,57 mg
Eisen	1,11 mg
Vitamine	
Vitamin A	0,12 mg
Vitamin B1	0,05 mg
Vitamin B2	0,16 mg
Brennwert	88 kcal (369 kJ)

schließt und dann erstarrt. Jetzt fehlt nur noch die Eihaut, gebildet durch ein Sekret der Scheide, und fertig ist das Wunderwerk. Durch Ausstülpen der Scheide wird das Ei ausgestoßen.

Was ein Ei so in sich hat

Eine ausgewogene Ernährung ist die Voraussetzung dafür, dass wir uns wohl fühlen, fit und leistungsfähig sind. Zu einer gesunden Vielfalt an Nahrungsmitteln zählen neben Milch und Milchprodukten, Obst und Gemüse, Getreideprodukte und Kartoffeln, Fisch und Fleisch und vor allem auch Eier. Zu Recht, denn viele lebenswichtige Stoffe sind im Ei enthalten. Im Vergleich zu anderen Nahrungsmitteln ist der Gehalt an wertvollen Mineralstoffen und Vitaminen sowie hochwertigem Eiweiß und leicht verdaulichen Fetten ungewöhnlich hoch.

Richtige Lagerung

Grundsätzlich sollten Eier im Kühlschrank getrennt vor allem von geruchsintensiven Lebensmitteln aufbewahrt werden. Durch die zahlreichen Poren in ihrer Schale nehmen Eier leicht den Geruch anderer Lebensmittel (zum Beispiel Zwiebel, Käse) an. Außerdem sollte man darauf achten, dass das stumpfe Ende des Eies mit der Luftkammer immer nach oben zeigt. Liegt es unten, drängt die Luft nach oben und kann unter

Umständen die innere Haut von der Schale lösen, was das Ei besonders anfällig für Keime oder Gerüche macht. Bei sachgemäßer Lagerung im Haushalt bleiben Eier mindestens vier Wochen nach dem Legen frisch. Eimasse oder getrenntes Eigelb und Eiklar kann man ohne weiteres einfrieren. Eischnee sollte dagegen sofort verarbeitet werden. Eigelb kann man bis zu zwei Wochen im Kühlschrank aufbewahren, wenn es mit einer Schicht Öl abgedeckt wird.

Eiklar oder Eiweiß?

Dass das Eiklar volkstümlich als Eiweiß bezeichnet wird, ist wohl auf die Tatsache zurückzuführen, dass das Protein (Eiweiß) im Eiklar unter Hitzeeinfluss stockt und eine weiße Farbe annimmt. Interessanterweise enthält das Eiklar weniger Protein (Eiweiß) als das Dotter.

Eigüte

Bei näherem Hinsehen zeigen sich einige wichtige Unterschiede zwischen den Eiern, vor allem im Hinblick auf die Qualität. Ein gutes Ei wird von verschiedenen Komponenten geprägt. Die wichtigsten sind: Frische, Aussehen, Dotterfarbe, Geruch und Geschmack sowie Größe und Gewicht.

Frische

Der Frischegrad eines Eies wird als Qualitätsmerkmal hoch eingeschätzt. Doch erst ab dem dritten Tag nach dem Legen erreichen Eier ihren optimalen Geschmack. Auch bei der Verarbeitung (Pellen, Eischnee) bereiten legefrische Eier Probleme. Während der Lagerung verändern sich Festigkeit und Geschmack von Eigelb und Eiklar, gleichzeitig vergrößert sich die Luftkammer, weil durch die feinen Poren ständig Flüssigkeit verdunstet.

Frischetests

- **Beim aufgeschlagenen Ei:** Frische Eier zeigen ein gewölbtes Dotter, der von einem Hof aus dickem Eiklar umgeben ist. Bei älteren Eiern fließt das Eiklar wässrig auseinander und das Dotter ist deutlich abgeflacht.
- **Im Wasser:** Legt man rohe Eier in ein mit Wasser gefülltes Glas, bleiben frische Eier ruhig auf dem Glasboden liegen, ältere richten sich auf und überalterte schwimmen sogar. Ursache: Durch die Ausweitung der Luftblase vergrößert sich mit zunehmendem Alter auch der Auftrieb im Wasser.

Zwei verschiedene Frischetests.

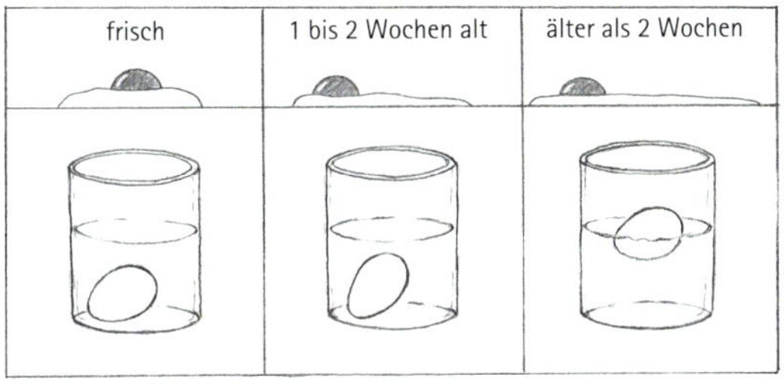

Zustand der Schale. Eine verschmutzte Eischale ist kein Zeichen für natürliche Hühnerhaltung, sondern meist ein Hinweis auf hygienische Mängel, welche die innere Qualität und den Geschmack beeinträchtigen können. Auch Eier aus Hühnerhaltung mit Auslauf oder Freilauf haben ein sauberes Äußeres, vorausgesetzt die Haltung wird sachgerecht betrieben.

Dotterfarbe. Gewünscht wird im Allgemeinen eine satte goldgelbe Färbung des Dotters. Die Dotterfarbe ist jedoch nicht abhängig von der Haltungsform, sondern ganz vom Futter und den darin enthaltenen Karotinoiden (natürliche Farbstoffe).

Geruch und Geschmack. Sowohl der Geruch als auch der Geschmack sind vorwiegend vom Futter und der Lagerung bestimmt. Futtermischungen mit auffallendem Eigengeruch sollten deshalb unbedingt vermieden werden. Außerdem sollten die Eier möglichst schnell nach dem Legen eingesammelt und an einem kühlen, geruchsneutralen Ort gelagert werden.

Größe und Gewicht. In erster Linie hängt die Eigröße von der Hühnerrasse ab. Große Hühner legen meist große Eier und kleine legen kleinere Eier. Auch das Alter einer Henne beeinflusst die Eigröße. Junghennen legen deutlich kleinere Eier (so genannte Kükeneier) als ältere Hennen. Üblicherweise beruhen Rezeptangaben auf der Verwendung von Eiern der Gewichtsklasse M.

Im Handel gibt es derzeit vier Gewichtsklassen

Gewichtsklasse XL / sehr groß	73 g und darüber
Gewichtsklasse L / groß	63 g bis 73 g
Gewichtsklasse M / mittel	53 g bis unter 63 g
Gewichtsklasse S / klein	unter 53 g

Noch Fragen?

→ **Dürfen oder sollen Eier gewaschen werden?** Natürlich können schmutzige Eier vor dem Verzehr gesäubert werden, am besten mit einem feuchten Tuch. Man sollte sie aber keinesfalls lange waschen oder sogar in Wasser einweichen. Dadurch würde ein Teil des Schmutzes samt Mikroorganismen durch die Poren der Schale ins Eiinnere gelangen.

→ **Kann man von der Dotterfarbe auf die Haltungsform schließen?** Verantwortlich für die Dotterfarbe ist die im Futter enthaltene Menge an Karotinoiden; das sind gelbe und rote Farbstoffe, die in Pflanzen aufgebaut werden. Sie können jedoch auch synthetisch hergestellt und dem Futter beigemischt werden. Die Dotterfarbe ist also kein Indiz für eine bestimmte Haltungsform.

→ **Schmecken Eier aus Auslaufhaltung besser?** Die Behauptung, Eier aus Auslaufhaltung schmeckten besser als "Käfigeier", ist objektiv gesehen falsch. Geruch und Geschmack eines Eies sind hauptsächlich vom Futter und von der Lagerung der Eier abhängig. Das Verfüttern aromatischer Kräuter kann also genauso zum Wohlgeschmack beitragen, wie sich andererseits die falsche Lagerung der Eier (zum Beispiel neben einem stark riechenden Desinfektionsmittel) geschmacksmindernd auswirken kann.

→ **Wie viele Eier kann eine Henne im Jahr legen?** Dank sorgsam ausgetüftelter Haltungssysteme und hochwertiger Futtermittel gelang es, die Legeleistung hochgezüchteten Wirtschaftsgeflügels innerhalb von 20 Jahren von 130 auf über 260 Eier pro Tier und Jahr zu ver-

Ist er nicht herrlich anzuschauen?

doppeln. Solche Wunderleistungen kann man von den extensiv gehaltenen Landhühnern natürlich nicht erwarten. Hier kann man mit einer Legeleistung von 150 bis 180 Eiern sehr zufrieden sein.

→ **Können Eier eingefroren werden?** Eiklar und Dotter können zu einer Masse verrührt gemeinsam eingefroren werden, müssen aber je nach späterem Verwendungszweck gezuckert (5 %) oder gesalzen (2 %) werden. Werden sie getrennt voneinander eingefroren, genügt es die Dottermasse zu zuckern oder zu salzen, da sie sich sonst verändern würde.

→ **Was ist der Hahnentritt im Ei?** Der so genannte Hahnentritt ist die Keimscheibe, die sich an einer Seite des Dotters gleich unter der Dottermembran befindet. Sie ist der Kern der Eizelle und in ihn muss die männliche Geschlechtszelle gelangen, damit das Ei befruchtet wird.

Fleischliches

Energiegehalt pro 100 g = 100 kcal (419 kJ)
Pro-Kopf-Verbrauch BRD = 9 kg

Hühnerfleisch ist ernährungsphysiologisch wertvoll, leicht verdaulich und zudem sehr schmackhaft. Sein hoher Nährwert beruht auf dem günstigen Eiweiß/Kalorien-Verhältnis (17 : 100) und dem reichen Anteil an Mineralstoffen und Vitaminen. Beim Schlupf kann man etwa zur Hälfte mit männlichen Küken rechnen. Was liegt also näher, als diese Tiere so lange zu halten und zu füttern, sie ihr kurzes Leben so lange genießen zu lassen, bis sie uns am Ende mit einem leckeren Braten erfreuen? Auch wird es in der Hühnerherde immer wieder Hennen geben, die aus vielen verschiedenen Gründen geschlachtet werden müssen und bei entsprechendem Alter noch einen wohlschmeckenden Braten, ein zartes Frikassee oder ein kräftiges Suppenhuhn abgeben. Eine wichtige Voraussetzung dafür ist natürlich, dass Sie bei der Auswahl der Hühnerrassen darauf achten, dass es sich nicht nur um Tiere mit einer guten Legeleistung handelt, sondern dass sie sich auch durch eine gute Fleischleistung und Fleischqualität auszeichnen.

Ein Wort zum Thema Salmonellen

Salmonellen sind Bakterien, von denen einige bei Menschen mit Immunschwächen Darmerkrankungen hervorrufen können. Alte Menschen und Kinder gelten allgemein als immunschwach. Salmonellen kommen überall vor und werden durch Mensch und Tier verbreitet, gelegentlich auch über Nahrungsmittel, vor allem tierischer Herkunft. Entscheidend für die Erkrankung ist die Keimdosis. Hohe Keimzahlen können durch mangelnde Hygiene, falsche Lagerung verderblicher Lebensmittel oder Fehler bei der Speisezubereitung entstehen. Deshalb sollte zum Beispiel tiefgefrorenes Geflügel immer über einem Siebeinsatz aufgetaut werden. Auftauwasser wegschütten und alles, was damit in Berührung gekommen ist, gründlich reinigen. Geflügel innen und außen gut waschen.

Mast junger Tiere

Natürlich kann man die Hähnchen wie in gewerblichen Mästereien mit konzentriertem Mastfutter ernähren und ihre Bewegungsfreiheit stark einschränken, um sie innerhalb kürzester Zeit schlachtreif zu trimmen. Da in einer kleinen Hobbyhaltung der Faktor Zeit meist keine große Rolle spielt, können Sie die Jungtiere aber älter und größer werden lassen und erst im Alter von zehn bis zwölf Wochen einer zwei- bis dreiwöchigen Endmast unterziehen. In dieser Phase kann es von Vorteil sein, sie im Stall zu lassen und ihnen ein etwas "mächtigeres" Futter zu verabreichen.

Die Vormastphase kann gut im begrünten Auslauf erfolgen.

Mast älterer Tiere

Diese Möglichkeit wird heute kaum noch praktiziert, weil die erwachsenen Tiere sehr viel Fett ansetzen, dies aber nicht mehr erwünscht ist. In den so genannten guten alten Zeiten war in diesem Zusammenhang das "Nudeln" oder "Stopfen" der Tiere eine weit verbreitete Methode, nämlich ausgewachsenen Tieren durch Zwangsernährung zu mehr Gewicht und Körpermasse zu verhelfen. Wir lehnen ein solch tierquälerisches Verfahren ab und wollen nicht näher darauf eingehen. Es soll hier genügen, festzustellen, dass auch ein erwachsenes Tier, geeignete Rasseauswahl und gute Ernährung vorausgesetzt, einen guten Sonntagsbraten oder ein köstliches Suppenhuhn abgeben kann.

Schlachten

Bevor man die Suppe oder den Braten genießen kann, muss man die Tiere schlachten, rupfen und ausnehmen. Dies ist natürlich nicht die angenehmste Seite der Hühnerhaltung, aber wohl nicht zu umgehen; es sei denn, man findet jemanden, der dieses Geschäft für einen erledigt.

Das Schlachten muss fachgerecht durchgeführt werden; das heißt, das Tier ist zunächst gemäß Vorgabe des Tierschutzgesetzes in jedem Fall zu betäuben. Dies geschieht am einfachsten durch einen gezielten kräftigen Schlag mittels eines Rundholzes auf den Hinterkopf des "Opfers", das man an den Ständern mit dem Kopf nach unten gerichtet festhält. Anschließend wird das Tier sofort getötet, indem man den Kopf mit einem scharfen Beil auf einem Holzklotz vom Rumpf trennt. Zum Ausbluten sollte man das Tier in einen Eimer halten. Das fachgerechte Schlachten, Rupfen und Ausnehmen sollten Sie sich am besten einmal von einem erfahrenen Hühnerhalter demonstrieren lassen.

Das Rupfen muss sofort nach dem Ausbluten erfolgen, solange das Tier noch warm ist. Es wird einem erleichtert, wenn man den Schlachtkörper zuvor in warmes Wasser taucht. Gerupft wird am besten im Sitzen mit einem Tuch auf den Knien, indem man mit einer Hand die Ständer hält und mit der anderen zunächst die Schwungfedern der Flügel entfernt, dann die Schwanzfedern und schließlich die Brustfedern in Richtung Schwanz beziehungsweise die Rückenfedern zum Kopf hin.

Zum Ausnehmen trennt man die Halswirbel am unteren Ende zum Schlachtkörper ab und kann nunmehr mit dem Zeigefinger durch die entstandene Öffnung an die Innereien gelangen und diese durch Herumbewegen ablösen. Es folgt ein Schnitt zwischen Kloake und Schwanz, der um die Kloake herumgeführt wird, sodass man diese mitsamt der daran hangenden Därme herausziehen kann. Vorsicht, den Mastdarm nicht verletzen! Es folgen Muskel und Drüsenmagen sowie die bereits vom Hals her abgelösten Organe Herz, Lunge und Leber. Vorsicht wiederum bei der Galle, die an der leicht grünlichen Farbe zu erkennen ist. Auslaufende Gallenflüssigkeit kann Teile der Innereien und des Fleisches ungenießbar machen. Zum Schluss wird der ausgenommene Schlachtkörper mit klarem Wasser gut ausgespült.

Für die Mast geeignete Futtermittel

- → Gekochte Kartoffeln, Topinambur, Mohrrüben,
- → Weizen- und Haferschälkleie,
- → Gerstenkörner als Vollkorn,
- → gebrochener Mais,
- → getrocknete Kartoffelflocken.

Zusammensetzung des Schlachtkörpers in %

Lebendgewicht	100
Blut und Federn	13
Kopf, Füße und Eingeweide	17
genießbare Organe	6
Fleisch	52
Knochen	12

Nährwert eines Huhns

Nährwert je 100 g	gesamt	Brust	Schenkel
Eiweiß	19,9 g	22,2 g	18,1 g
Fett	9,6 g	6,2 g	11,2 g
Eisen	0,7 mg	1,1 mg	1,8 mg
Vitamin B1	0,08 mg	0,07 mg	0,1 mg
Vitamin B2	0,16 mg	0,09 mg	0,24 mg
Brennwert	166 kcal	144 kcal	173 kcal

Verzeichnisse

Hühner verstehen sich gut mit anderen Tieren.

Weiterführende Literatur

Bessei, W.: Bäuerliche Hühnerhaltung. Eugen Ulmer Verlag, Stuttgart 1988.

Estermann, M.-T.: Hühner, Gänse, Enten. Verlag Eugen Ulmer 2001.

Petersen, J.: Jahrbuch für die Geflügelwirtschaft. Jahrbuch des Zentralverbandes der Deutschen Geflügelwirtschaft und seiner Mitgliederverbände. Verlag Eugen Ulmer, Stuttgart. Erscheint jährlich.

Peitz, B. und L.: Hühner halten. Verlag Eugen Ulmer, Stuttgart 1998.

Scholtyssek, S., Grashorn, M., Vogt, H. und Wegner, R.: Geflügel. Verlag Eugen Ulmer, Stuttgart 1987.

Scholtyssek, S., Doll, P.: Nutz- und Ziergeflügel. Verlag Eugen Ulmer, Stuttgart 1978.

Tüller, R. und Allmendunger, A.: Geflügelställe, Stallbau, Klima, Einrichtung. Verlag Eugen Ulmer, Stuttgart 1990.

Schmidt, H.: Hühner und Zwerghühner. Handbuch Rasse- und Ziergeflügel. Verlag Eugen Ulmer, Stuttgart 1999.

Tüller, R.: Alternativen in der Geflügelhaltung. Verlag Eugen Ulmer, Stuttgart, 1999.

Woernle, H.: Geflügelkrankheiten. Verlag Eugen Ulmer, Stuttgart 1994

Deutscher Kleintierzüchter (Fachzeitschrift), Oertel und Spörer GmbH u. Co., Reutlingen.

Weitere Informationen

Örtliche Kleintierzuchtvereine, Geflügelzuchtverbände (Länder/Bund), Ortsansässige Tierärzte, Veterinärämter, Regionale Landwirtschaftskammern bzw. Landwirtschaftsämter, die Versuchs- und Forschungsanstalten sowie Landwirtschaftsministerien des Bundes und der Länder.

Tierkauf, Bruteier: Privatbetriebe oder Kleintierzuchtvereine.

Zubehör, Geräte und Futtermittel: Örtlicher Landhandel (z. B. Raiffeisen), örtliche Mühlen, Zoo- und Gartenhandlungen mit Heimtierbedarf.

Dank

Der Verlag dankt dem Kleintierzüchterverein Gaisburg; Gerhard Schulz, Herleshausen; Günther Hess, Förtha; Steffen Fischer, Langenbrand; Familie Schweigert, Mittelfischach, sowie dem Sonnenhof, Aldingen, und ihren Hühnern stellvertretend für alle, die für die Fotoaufnahmen so viel Zeit und Geduld aufgebracht haben.

Bildquellen

Gerhard Bäuerle, Gärtringen: S. 29
Udo Bernhart, Langen: Umschlagfoto klein unten
Jürgen Bode: S. 62
Ditlev Duus, DK-Nordborg: S. 53 o.
Juniors/M. Klare, Ruhpolding: S. 56
Juniors/H. Welke, Ruhpolding: S. 6
Hans Kuczka, Wetter: S. 34, 51
Regina Kuhn, Stuttgart: S. 3, 10, 16, 18, 19, 21, 26 u., 27 o., 30, 32, 38, 39, 40, 45, 47, 49, 50, 52 u., 58, 61, 65, 70, 73, 74, 76, 84/85, 90
Beate und Leopold Peitz, Pfullingen: S. 69
Rudi Proll, Dossenheim: S. 26 o., 27 u., 42 (2), 43 o., 43 u., 52 o., 53 u., 71 o., 71 u.
Reinhard-Tierfoto, Heiligkreuzsteinach: S. 1, 11, 22, 55, 63, 78 o., 78 u., 79, 80 u., 93
Sabine Stuewer, Darmstadt: Umschlagfoto, S. 2 u., 5, 17, 81, 89

Alle Zeichnungen von Sabine Drobik, Rottenburg.

Register

Sternchen* verweisen auf Abbildungen

Bibliografische Information der Deutschen Bibliothek
Die Deutsche Bibliothek verzeichnet diese Publikation in der Deutschen Nationalbibliografie; detaillierte bibliografische Daten sind im Internet über http://dnb.ddb.de abrufbar.

Wollgrasweg 41, 70599 Stuttgart (Hohenheim)
E-Mail: info@ulmer.de
Internet: www.ulmer.de
Umschlaggestaltung: Atelier Reichert, Stuttgart
Lektorat: Karen Kühl, Dr. Gabriele Lehari, Ina Vetter, Dr. Eva-Maria Götz
Herstellung: Ulla Stammel
Druck: Appl, Wemding
Printed in Germany

ISBN-13: 978-3-8001-5182-0
ISBN-10: 3-8001-5182-0

Wenn Sie mehr wissen möchten.

Das eiweißreiche und kalorienarme Putenfleisch ist die einzige Fleischart, bei der der Pro-Kopf-Verbrauch Jahr für Jahr stetig ansteigt. Die Putenmast muss diesem Trend durch eine marktgerechte Produktion Rechnung tragen. Dieses Buch hat das Ziel, die komplexen Zusammenhänge in der Putenmast von der Beschaffung der Küken bis zum marktfähigen Endprodukt darzustellen. Besonderes Augenmerk wurde auf die unterschiedlichen Mastformen, die Putenaufzucht und -mast sowie die mehrphasige Fütterung gelegt. Notwendige begleitende Hygienemaßnahmen und immunprophylaktische Möglichkeiten werden ausführlich beschrieben. Die wichtigsten tierseuchenrechtlichen Bestimmungen werden genauso erörtert wie die Vermarktung und ökonomische Kostenanalysen. In einem eigenen Kapitel werden die wichtigsten Putenkrankheiten und ihre Prophylaxe ausführlich beschrieben. Auf die aktuellen Probleme und Möglichkeiten alternativer Haltungsformen wird ebenfalls eingegangen.
Putenmast. L. Feldhaus, E. Sieverding. 2. Aufl. 2001. 94 Seiten, 56 Farbf., 29 Abbildungen, 13 Zeichn. ISBN 3-8001-4539-1.

Die Zucht und Mast von Enten und Gänsen kann eine alternative Einkommensquelle im landwirtschaftlichen Betrieb sein.
Dieses Buch informiert den interessierten Leser über alle Aspekte der Biologie, Haltung, Fütterung, Zucht und Gesunderhaltung der wirtschaftlich interessantesten Enten- und Gänsearten oder -rassen. Ausführlich eingegangen wird auch auf die Verwertung der entstehenden Produkte wie Fleisch, Eier, Federn und Daunen sowie auf die Wirtschaftlichkeit dieses Produktionszweigs.
Enten und Gänse. H. Pingel. 2000. 182 Seiten, 27 Farbfotos, 48 sw-Fotos und Zeichn., 61 Tab. ISBN 3-8001-3156-0.

Die Straußenhaltung ist auf dem Vormarsch. Erfahren Sie im Buch „Strauße. Zucht, Haltung und Vermarktung" das notwendige Wissen darüber von zwei absoluten Kennern der Branche.
Strauße. Zucht, Haltung und Vermarktung. C. Kistner, G. Reiner. 2002. 100 Seiten, 28 Farbf., 62 sw-Fotos und Zeichnungen. ISBN 3-8001-3843-3.